韩式棒针衫自己创

DIY手工俱乐部会员 主编 朴智贤 审编

辽宁科学技术出版社
LIAONING SCIENCE AND TECHNOLOGY PUBLISHING HOUSE
·沈阳·

图书在版编目(CIP)数据

韩式棒针衫自己创/DIY手工俱乐部会员主编
－沈阳：辽宁科学技术出版社，2010.9
ISBN 978－7－5381－6640－8

Ⅰ.①韩 … Ⅱ.①D … Ⅲ.①棒针－绒线－服装－编织
－图集Ⅳ.①TS941.763－64

中国版本图书馆CIP数据核字(2010)第166729号

出版发行：辽宁科学技术出版社
（地址：沈阳市和平区十一纬路29号　邮编：110003）
印　刷　者：利丰雅高印刷（深圳）有限公司
经　销　者：各地新华书店
幅面尺寸：185 mm × 225 mm
印　　张：5
字　　数：100千字
印　　数：1～10000
出版时间：2010年9月第1版
印刷时间：2010年9月第1次印刷
责任编辑：赵敏超
封面设计：幸琦琪
版式设计：幸琦琪
责任校对：徐　跃

书　　号：ISBN 978－7－5381－6640－8
定　　价：25.80元

联系电话：024－23284367　赵敏超
邮购热线：024－23284502
E-mail:473074036@qq.com
http://www.lnkj.com.cn
本书网址：www.lnkj.cn/uri.sh/6640

敬告读者：
本书采用兆信电码电话防伪系统，书后贴有防伪标签，全国统一防伪查询电话16840315或8008907799（辽宁省内）

Contents 目录

- *004* 本书作品使用的针法
- *008* 艳丽款休闲针织衫
- *010* 高领休闲短袖上装
- *011* 宽松版高领蝙蝠衫
- *012* 菱形花纹长袖上装
- *013* 素雅扭花纹上衣
- *014* 气质高领蝙蝠衫
- *016* 可爱圆领短袖上衣
- *017* 吊带式时尚小背心
- *018* 清纯可人针织衫
- *019* 气质青翠佳人装
- *020* 粉嫩V领可爱装
- *021* 圆领短袖可爱装
- *022* 简洁迷人小背心
- *023* 连帽式经典长装
- *024* 艳丽俏皮开襟衫
- *025* 扭花纹荷叶领上衣
- *026* 大开领舒适长外套
- *028* 新潮长款斑马裙
- *029* 时尚超大领斑马裙
- *030* 个性短袖高腰针织衫
- *031* 长款圆领针织衫
- *032* 高领高腰短袖衫
- *033* 运动型连帽无袖装
- *034* 大圆领温婉长裙
- *035* 长款修身魅力上装
- *036* 成熟款V领长装
- *037* 系带式连帽休闲装
- *038* 扭花纹长款披风
- *040* 休闲连帽高腰背心
- *041* 休闲个性小外套
- *042* 独特多层领编织衣
- *043* 韩版甜美公主装
- *044* 可爱款对襟针织衫
- *045* 创意时尚高领披肩
- *046* 气质双排扣长衣
- *048* 镂空式温婉薄毛衣
- *049* 制作图解

本书作品使用的针法
Knitting needle

｜ = 下针
（又称为正针、低针或平针）

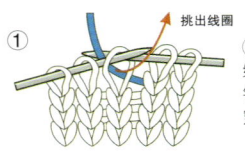

①将毛线放在织物外侧，右针尖端由前面穿入活结。

②挑出挂在右针尖上的线圈，同时此活结由左针滑脱。

一 或 □ = 上针
（又称为反针或高针）

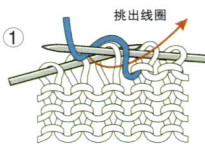

①将毛线放在织物前面，右针尖端由后面穿入活结。

②挂上毛线并挑出挂在右针尖上的线圈，同时此活结由左针滑脱。上针完成。

○ = 空针
（又称为加针或挂针）

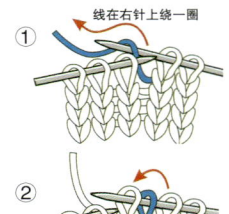

①将毛线在右针上从下到上绕一次，并带紧线。

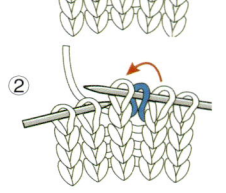

②继续编织下一个针圈。到次行时此针圈与其他针圈同样织。实际意义是增加了1针，所以又称为加针。

Ω = 扭针

①将右针从后到前插入第1个针圈（将待织的这一针扭转）。

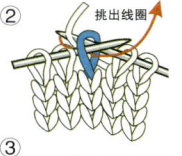

②在右针上挂线，然后从针圈中将线挑出来，同时此活结由左针滑脱。

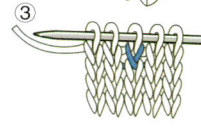

③继续往下织，这是效果图。

Ω = 上针扭针

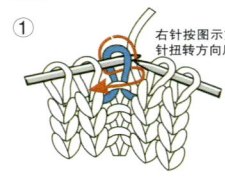

①将右针按图示方向插入第1个针圈（将待织的这一针扭转）。

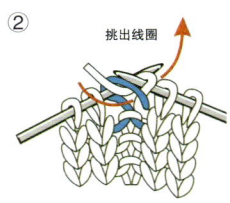

②在右针上挂线，然后从针圈中将线挑出来。

∩ = 滑针

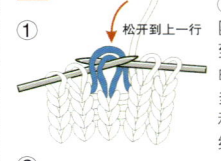

①将左针上第1个针圈退出并松开再滑到上一行（根据花形的需要也可以滑出多行），退出的针圈和松开的上一行毛线用右针挑起。

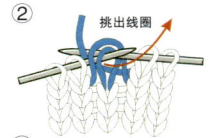

②右针从退出的针圈和松开的上一行毛线中挑出毛线，使之形成一个针圈。

③继续编织下一个针圈。

○ = 锁针

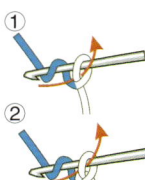

①先将线按箭头方向扭成一个圈，挂在钩针上。

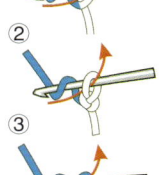

②在①步的基础上将线在钩针上从上到下（按图示）绕一次并带出线圈。

③继续操作①②步，钩织到需要的长度为止。

× = 短针

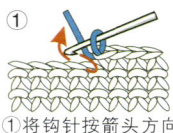

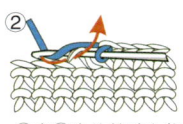

①将钩针按箭头方向插入上一行的相应位置中。

②在①步的基础上将线在钩针上从上到下（按图示）绕一次并带出线圈。

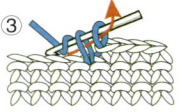

③继续将线在钩针上从上到下（按图示）再绕一次并带出2个线圈。

④一针"短针"操作完成。

⊤ = 长针

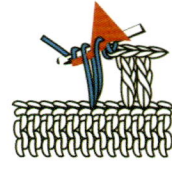

①将线先在钩针上从上到下（按图示）绕一次，再将钩针按箭头方向插入上一行的相应位置中，并带出线圈。

②在①步的基础上将线在钩针上从上到下（按图示）绕一次并带出线圈。注意，这时钩针上只有一个针圈了。

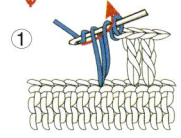 = 枣针(3针长针并为1针)

①将线先在钩针上从上到下(按图示)绕一次，再将钩针按箭头方向插入上一行的相应位置中，并带出线圈。

②在①步的基础上将线在钩针上从上到下(按图示)绕一次并带出线圈。注意这时钩针上有2个针圈了。

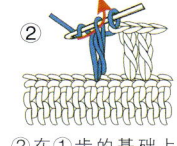

③继续操作②步两次，这时钩针上就有4个针圈了。

④将线在钩针上从上到下(按图示)绕一次，并从这4个针圈中带出线圈。一针"枣"操作完成。

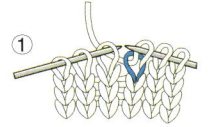 = 左加针

①左针第1针正常织。

②左针尖端先从这针的前一行的针圈中从后向前挑起线圈。针从前向后插入并挑出线圈。

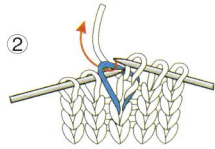

③继续织左针挑起的这个线圈。实际意义是在这针的左侧增加了1针。

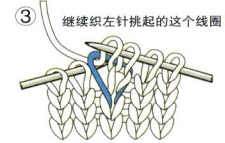

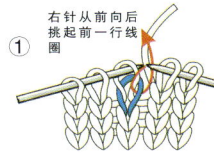 = 右加针

①在织左针第1针前，右针尖端先从这针的前一行的针圈中从前向后插入。

②将毛线在右针上从下到上绕一次，并从挑出线圈中带出绒线。实际意义是在这针的右侧增加了1针。

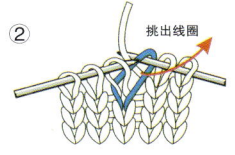

③继续织左针上的第1针，然后此活结由左针滑脱。

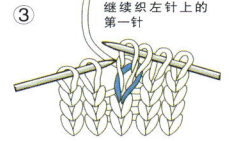

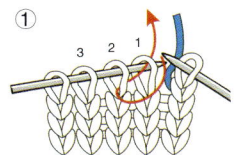 = 中上3针并为1针

①用右针尖从前往后插入左针的第2、第1针中，然后将左针退出。

②将绒线从织物的后面带过，正常织第3针。再用左针尖分别将第2针、第1针挑过套住第3针。

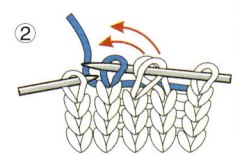

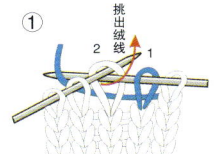 = 右上2针并为1针
(又称：拔收1针)

①第1针不织移到右针上，线从后带过正常织第2针。

②再将第1针用左针挑起套在刚才织的第2针上面，因为有这个拔针的动作，所以又称为"拔收针"。

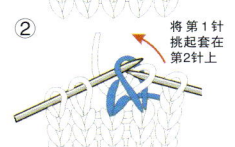

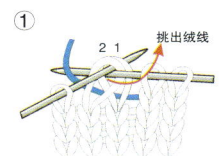 = 左上2针并为1针

①右针按箭头的方向从第2针、第1针插入两个针圈中，挑出绒线。

②再将第2针和第1针这两个针圈从左针上退出，并针完成。

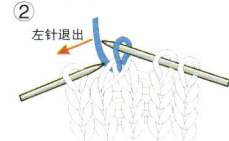

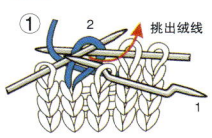 = 1针下针右上交叉

①第1针不织移到曲针上，右针按箭头的方向从第2针针圈中挑出绒线。

②再正常织第1针(注意：第1针是在织物前面经过)。

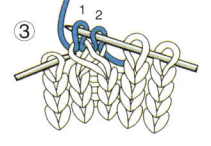

③右上交叉针完成。

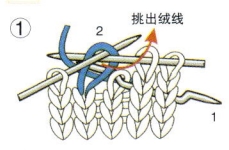 = 1针下针左上交叉

①第1针不织移到曲针上，右针按箭头的方向从第2针针圈中挑出绒线。

②再正常织第1针(注意：第1针是在织物后面经过)。

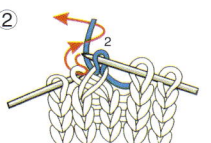

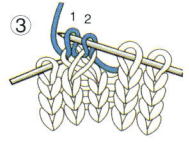

③左上交叉针完成。

本书作品 使用的针法
Knitting needle

= 1针下针和1针上针左上交叉

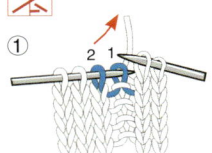
① 先将第2针下针拉长从织物前面经过第1针上针。

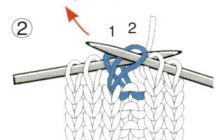
② 先织好第2针下针,再来织第1针上针。"1针下针和1针上针左上交叉"完成。

= 1针下针和1针上针右上交叉

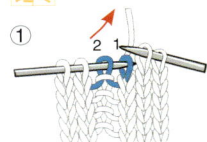
① 先将第2针上针拉长从织物后面经过第1针下针。

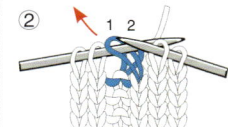
② 先织好第2针上针,再来织第1针下针。"1针下针和1针上针右上交叉"完成。

= 1针下针和2针上针左上交叉

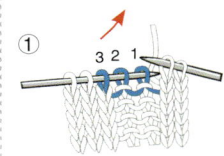
① 将第3针下针拉长从织物前面经过第2和第1针上针。

② 先织好第3针下针,再来织第1和第2针上针。"1针下针和2针上针左上交叉"完成。

= 1针下针和2针上针右上交叉

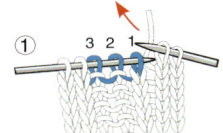
① 将第1针下针拉长从织物前面经过第2和第3针上针。

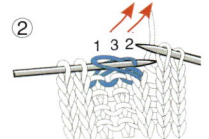
② 先织好第2、第3针上针,再来织第1针下针。"1针下针和2针上针右上交叉"完成。

= 2针下针和1针上针左下交叉

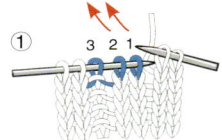
① 将第3针上针拉长从织物后面经过第2和第1针下针。

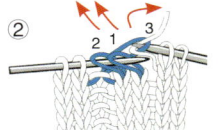
② 先织第3针上针,再织第1和第2针下针。"2针下针和1针上针左上交叉"完成。

= 2针下针和1针上针左上交叉

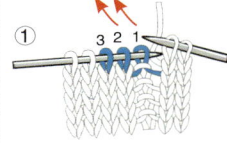
① 将第1针上针拉长从织物后面经过第2和第3针下针。

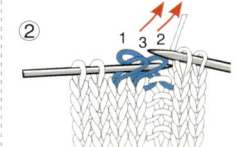
② 先织第2和第3针下针,再来织第1针上针。"2针下针和1针上针左上交叉"完成。

= 2针下针右上交叉

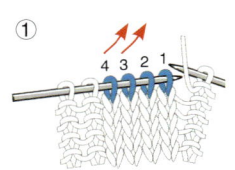
① 先将第3、第4下针从织物后面经过并分别织好它们,再将第1和第2下针从织物前面经过并分别织好1和第2下针(在上面)。

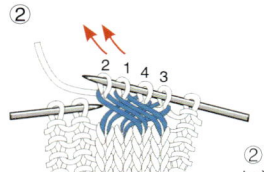
② "2针下针右上交叉"完成。

= 2针下针左上交叉

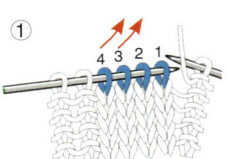
① 先将第3、第4下针从织物前面经过分别织好它们,再将第1和第2下针从织物后面经过并分别织好第1和第2下针(在下面)。

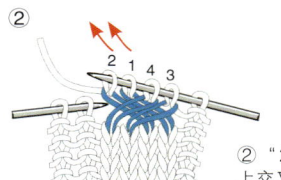
② "2针下针左上交叉"完成。

= 2针下针右上交叉,中间1针上针在下面

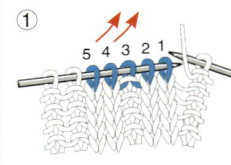
① 先织第4、第5下针,再织第3针上针(在下面),最后将第2、第1下针拉长从织物的前面经过后再分别织第1和第2下针。

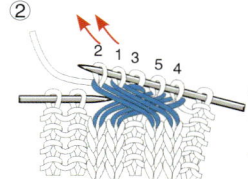
② "2针下针右上交叉,中间1针上针在下面"完成。

=2针下针左上交叉，中间1针上针在下面

① 先将第4、第5下针从织物前面经过，再分别织好第4、第5下针，再织第3上针(在下面)，最后将第2、第1下针拉长从第3上针的前面经过，并分别织好第1和第2下针。

② "2针下针左上交叉，中间1针上针在下面"完成。

=3针下针和1针下针左上交叉

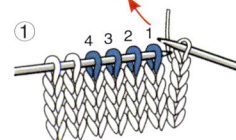

① 先将第1针拉长从织物后面经过第4、第3、第2下针。

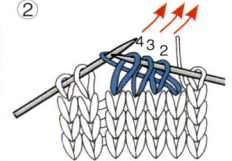

② 分别织好第2、第3和第4下针，再织第1下针。"3针下针和1针下针左上交叉"完成。

=3针下针和1针下针右上交叉

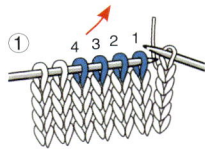

① 先将第4针拉长从织物后面经过第3、第2、第1下针。

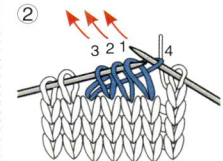

② 先织第4下针，再分别织好第1、第2和第3下针。"3针下针和1针下针右上交叉"完成。

=3针下针右上交叉

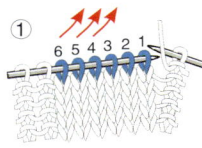

① 先将第4、第5、第6下针从织物后面经过并分别织好它们，再将第1、第2、第3下针从织物前面经过并分别织好第1、第2和第3下针(在上面)。

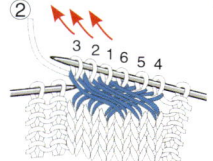

② "3针下针右上交叉"完成。

=3针下针左上交叉

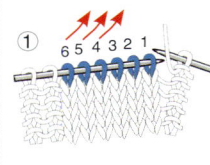

① 先将第4、第5、第6下针从织物前面经过并分别织好它们，再将第1、第2、第3下针从织物后面经过并分别织好第1、第2和第3下针(在下面)。

② "3针下针左上交叉"完成。

=在1针中加出3针

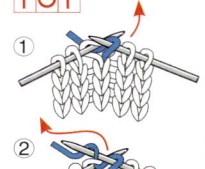

① 将毛线放在织物外侧，右针尖端由前面穿入活结，挑出挂在右针尖上的线圈，左针圈不要松掉。

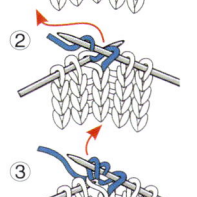

② 将毛线在右针上从下到上绕一次，并带紧线，实际意义是又增加了1针，左针圈仍不要松掉。

③ 仍在这一个针圈中继续编织①一次，此时左针上形成了3个针圈。然后此活结由左针滑脱。

=3针并为1针，又加成3针

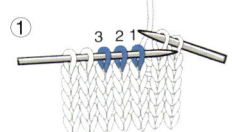

① 右针由前向后从第3、第2、第1针(3个针圈中)插入。

② 将毛线在右针尖端从下往上绕过，并挑出挂在右针尖上的线圈，左针3个针圈不要松掉。

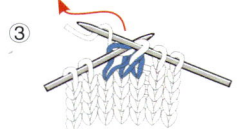

③ 将毛线在右针上从下到上再绕一次，并带紧线，实际意义是又增加了1针，左针圈仍不要松掉。

④ 继续在这3个针圈上编织①一次，此时右针上形成了3个针圈。然后将第1、第2、第3针圈由左针滑脱。

=铜钱花

① 先将第3针挑过第2和第1针(用针套套住它们)。

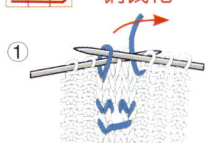

② 继续编织第1针。

③ 加1针(空针)，实际意义是增加了1针，弥补①中挑过的那一针。

  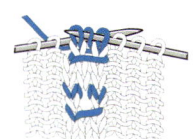

④ 继续编织第3针。

beautiful lady's style
艳丽款休闲针织衫

做法 P049~051

靓丽的红色已经够吸引人的眼球了，更何况还是这样风姿绰约的风格呢？

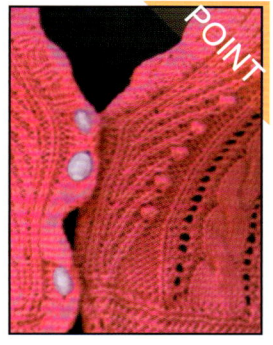

编织心得

和许多单品一样，毛衣也是衣橱必备，时尚与实用完美兼容的特性让许多女性对毛衣情有独钟。对毛衣的挚爱还来自某种怀旧情怀——妈妈织的毛衣成为儿时最温馨的记忆，它永远直抵心灵的最深处。

introduction

王日红

住在江苏盐城的王日红喜爱手工，自己开了一个叫"日红时尚毛编"的店面，主要业务有：毛线专卖、衣服加工、量身定织各类毛衣等。

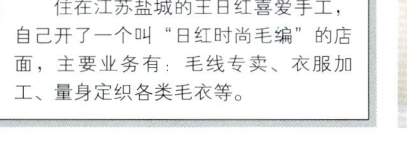

V领露出诱人性感的一面，领口上的精美花纹让这一份性感得到更好的修饰。

袖口和下摆自然散开，凸显出衣服的飘逸感，穿起来挥洒自如。

毛衣看上去再普通不过了，但就是这种简单，造就了它特殊的气质。

beautiful lady's style
高领休闲短袖上装

做法 P052~053

紫色短袖毛衣给人优雅的感觉，领口的花纹与胸前的花纹相互对应，展现女性的妩媚。

编织心得

编织是一个梦，一个快乐的人生的梦。编织的时候，经常觉得自己很像一只忙碌结网的蜘蛛，不停地编织，用千丝万缕的线，用层层叠叠的网，为自己织一个家，为自己编织一个美丽的梦。

宽松版造型，让你随心所欲！宽大的下摆设计增添了衣服的随意性，让着装者更加可爱。

POINT

编织心得

玫红是MM们选择毛线时都会优先考虑的颜色，这样的衣服才会显得更加年轻、可爱。然后用灵巧的双手编织闲暇的时间，编织梦想，编织艺术，编织美丽，编织美好的生活！

做法 P054~055

beautiful lady's style
宽松版高领蝙蝠衫

毛衣很有甜美公主的味道，如此鲜亮的颜色让人一眼看到就不能忘记，带给所有人愉悦的心情。

腰部的花纹是竖形的收腰设计，竖形图案本来就有显瘦的效果，收腰的设计，也让人显得高挑。

大大的菱形纹给简洁的衣服增加了变幻的因素，让平板的衣服变得生动起来。

做法 P056~059

beautiful lady's style
菱形花纹长袖上装

纯白的针织衫提升素雅的感觉，虽然是普通的纯白色毛衣，但也能将甜美气质完美演绎。

编织心得

编织的人各有所悟，而我在编织这件毛衣时的感受又有别于其他：我们不在乎日夜辛苦的劳作，因为我们倾注的是我们的爱，是一种精神的寄托，是对家的一份情意。有什么比得到认可更让人高兴呢？

beautiful lady's style
素雅扭花纹上衣

做法 P060

衣表非凡，追求清爽淡雅，衣服的细节部分表现得很细致。纯白的衣服，搭配黑色的打底衣，显得很时尚。

白色的毛衣衬托出肤色的美白红润，让人显得更加美丽。

编织心得

给自己编织美丽，给家人编织温暖，给朋友编织友谊，给别人编织爱心。编织已经深深地融入我的生活。

introduction

心灵印记

从小就爱女红，十岁开始学会绣花，十一岁钩第一个小钱包，十二岁织自己的第一件衣服。从此，一发不可收拾。

爱生活，爱编织。

beautiful lady's style
气质高领蝙蝠衫

做法 P061

纯净的简洁感，加上复古的气质，融入时尚的气息，呈现出一派优雅而低调的美丽。

流苏的加入，让衣服变得高贵、灵动、美丽。

POINT

POINT

编织心得

1. 从上往下织，等分四块，前后部位、左右肩的部位均匀加针，简单的平针。
2. 边的部位用钩针钩，可以防止平针卷边。
3. 领不用织成我这样的高领，可以有更多创意。

introduction

周玲燕

小时候的毛衣都是妈妈的杰作，长大后才有机会发现自己的这个天分，太喜欢编织了。人到中年，事业、家庭都稳定了，孩子也大了，才有时间、精力重新拾起我的毛衣针，编织着一个个梦想。

宽大的版型，适当地挡住了腰部的赘肉，不管肥瘦，都可以穿出风情无限。

beautiful lady's style

可爱圆领短袖上衣

黄色是百搭的颜色,任你搭配什么单品,它都能将气质衬托出来。

做法 P062~063

POINT

衣袖和衣摆处采用波浪纹的设计,展现出柔和亲近的性格,让人觉得甜美、可爱。

introduction

雪山飞狐

编织给我带来快乐,让我感到充实和满足,看着一件又一件自己亲手编织的作品顺利完成,我心里有说不出的高兴。

编织心得

编织毛衣的初衷是想给自己编织几件衣服,顺便锻炼一下手工,但是长久下来之后,发现自己沉迷其中,不能自拔。编织带来的乐趣,是无法用语言说清楚的。

beautiful lady's style

做法 P066~067

清纯可人针织衫

淡雅的浅绿色短款融入了女性的特质，搭配短裙优雅又可爱，是青春活力的体现。

introduction

杨丽燕

编织世界里有太多的美丽，有太多的兴趣，让我的人生充满激情。拿起针线，我总是忘记了时间是怎么样悄悄溜走的，编织让我流连忘返。

POINT

编织心得

前些年，毛衣风靡整个市场，到处可见手编的毛衣。现在，毛衣虽然没有那么流行了，反而越发珍贵，物以稀为贵嘛！中国的传统女红不能就此逐渐消失，我们要努力发扬！

这件衣服整体看起来似乎简单，但是不同的线形纹交替组合，提升了衣服的精美度。

beautiful lady's style

气质青翠佳人装

做法 P068

青翠欲滴的毛衣颜色，让人感觉春天已经来临，心情也变得快乐起来。

胸前的细小花纹，显得精美细致，提升了女性高雅的气质。

POINT

编织心得

喜欢上了编织，每当看见有人穿漂亮毛衣时就会目不转睛地盯着看，然后回去也会仿着织上一件。很多年过去了，这个习惯不但没改，而且发现自己越发喜欢编织。

beautiful lady's style

圆领短袖可爱装

做法 P070

清纯少女般的衣着，会让你引来更多羡慕的目光，显得特别淡雅可爱。

领口处的花纹像花瓣一样层层绽放，而下面的竖形花纹就是垂下的树枝……给我们带来诗情画意的春天气息。

POINT

编织心得

对于很多女人来说，编织的意义就是如此吧，金钱可以买到漂亮时尚的毛衣，但女人坚信：自己亲手编织出来的那一件是独一无二的，是用再多的金钱都买不到的，因为那些细密的针脚里缠绕着女人对亲人千丝万缕的柔情蜜意。

beautiful lady's style
简洁迷人小背心

做法 P071

深色的上衣，简洁的款式，下身搭配一条同色系的短裙，给这身装扮带来几分时尚感。

POINT

编织心得

衣塑形象，仪展魅力。女人用衣服书写着她的日记，女人用衣服编织着她的梦境，女人用衣服表达着她的情趣，女人用衣服让世界为她留下记忆。

小小的腰带，折出蝴蝶翩翩起舞的飞扬感觉。

beautiful lady's style

做法 P072~073

连帽式经典长装

宽大的毛衣穿起来可以很随意，下身搭配紧身的黑色裤，可以让你在亲切中透露干练。

POINT

衣服的厚重给人温暖的感觉。这一件毛衣，足以让你高枕无忧地度过整个冬天。

编织心得

身子和帽子织好以后用缝衣针缝出麻花（即用缝衣针把衣身花样的6针下针中的第1针和第6针直接缝在一起，在衣服里面打结就可以了）。扣子是自己钩的，里面是一元的硬币，不用费力找扣子了，还便宜哦！

introduction

田 蜜

年已不惑，喜欢编织，并将自己所学融入其中，最喜欢的是将复杂的东西简单化。

beautiful lady's style

艳丽俏皮开襟衫

做法 P074~075

普通的搭配因为有了这款艳丽的毛衫而活泼起来,有些俏皮,有些可爱,还带着一丝成熟的感觉,这个冬天有你不再寒冷。

衣领的花边古典、精致,显得衣服高雅、有品位,提升了女性雅致的气质。

POINT

编织心得

抢眼的红色宽松毛衫,富有甜美的感觉,更能衬托出白皙的皮肤,搭配黑色打底衣,让你成为最惹人怜爱的小淑女。

introduction

林海雪原

爱好:编织(棒针编织、钩针编织)、刺绣(十字绣、苏绣、民间多种绣法)、服装裁剪制作、手工制作、家庭影视编辑、动画制作、摄影等。

beautiful lady's style
扭花纹荷叶领上衣

做法 P076~077

领口和下摆折叠的花纹给衣服带来与众不同的层叠的效果，特别能吸引人的眼球。

设计重点放在领口的变化上，褶皱的领子更柔和地将这个设计凸显出来。

introduction

猪猪妈

生于20世纪60年代的猪猪妈，对女红有着独特的爱好。常利用业余时间做很多的手工，身上穿的、戴的，家里用的，很多都是亲手做的，每当同学朋友来家里时，那是相当有成就感哟！

编织心得

喜欢上编织之后，总觉得8个小时以外的时间特别好打发，总觉得有做不完的事情，织不完的衣服，织不完的快乐。

POINT

做法 P078~082

beautiful lady's style
大开领舒适长外套

甜美到成熟的感觉,对襟的剪裁款式很能衬出文静淑女的气质。宽松俏丽的大毛衣,宽大的衣领设计,呈现甜美的风格,展现清新的俏丽感。

POINT

编织心得

1. 口袋另外织好了再缝上。
2. 领子是先织圆领后,再挑起来织翻领,翻领的针数比圆领的多些。

厚重的感觉,舒适的手感,让你在这冬天不再寒冷。

introduction

萍　儿

小时候,用筷子削成小棒针自娱自乐过;一次偶然的机会,让我认识了DIY手工俱乐部,从此开始了"织织不倦"的追求。这个兴趣使我的业余生活不再无聊,而是精彩的。对于成果虽不太自信,但自我欣赏也很有成就感。

用腰带修身打造完美性感线条,既休闲又不失稳重。

beautiful lady's style

新潮长款斑马裙

做法 P083

黑白的搭配，是永不落伍的颜色搭配，彰显时尚气息。

introduction

敏敏翠翠

从小看着妈妈为自己穿针引线，记忆中，母爱总是那么令人难以忘怀。如今，有幸能够从事编织类的工作，也即将做人母的我，对于编织，更是情有独钟。"编织温暖，传递母爱"，从事编织手工工作数十年，DIY手工俱乐部管理员。

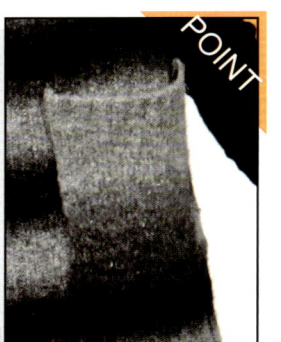

POINT

编织心得

快乐正是用心编织出来的，我在编织毛衣的时候，也是在编织一份久违的安静心情，是用精致的情调点缀悠闲而安逸的生活。

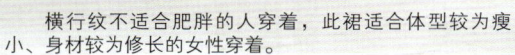

横行纹不适合肥胖的人穿着，此裙适合体型较为瘦小、身材较为修长的女性穿着。

做法 P084

beautiful lady's style
时尚超大领斑马裙

超大的领口仿佛是随意低垂的围巾，彰显时尚，突出个性。

两侧口袋的设计，给这条裙子平添了几分可爱，提升了甜美的感觉。

POINT

编织心得

此款裙子和长款的黑色斑马裙为同一款型，只不过在色彩的选择上有所不同。长款的黑色斑马裙显得更为酷气一些，而此款裙子则略显温柔一些。在搭配上，建议可以适当地可爱一点儿。

beautiful lady's style
长款圆领针织衫

做法 P086~089

贴身的紧身毛衣勾勒出完美的曲线，举手投足潇洒自然，活力十足。

灰色长款毛衣，简洁大方。花缕的加入，起到了点缀的作用。

编织心得

我对编织的喜欢让所有认识我的人都觉得不可思议。只有我自己知道，在冷冷的冬季，我是怀着怎样的思念、怎样的柔情，一针一针地编织自己的梦想、自己的心情。

领子随意地折叠下来，宽大但不松垮，显得温柔大气。

beautiful lady's style
高领高腰短袖衫

做法 P090~092

松身款毛衣可是优雅成熟女士的不二选择，搭配休闲感十足的牛仔裤，打造出让人羡慕的高调与帅气形象。

POINT

编织心得

毛衣是女人倾诉心事的伴侣，是女人舒展灵巧的舞台，是女人的情感按摩器。

beautiful lady's style
运动型连帽无袖装

做法 P093~094

一直以来，大家都把有帽子的毛衣和长袖连在一起，但是，这款衣服别出心裁，反其道而行，是不是别有一番韵味？

腰带的加入，使腰身变得纤细；打成蝴蝶结的腰带，给衣服带来灵动的气息。

POINT

编织心得

衣服简单大方、运动休闲，搭配休闲风格的牛仔裤，尤其适合野外郊游。编织时要注意腰部和领窝的加减针。

beautiful lady's style
大圆领温婉长裙

这样一款短袖长裙，看上去秀气可爱，给人一种婉约温柔的感觉，搭配一款黑色打底衫，虽然都是冷色调，但是整个人都是甜甜的感觉。在寒冷的季节里还能保持如此良好的状态，有什么比这个更珍贵呢？

圆领的设计，显得随意洒脱，增添了女性的气质。

POINT

编织心得

一件毛衣，不知道要织多少针。每一次挑针挽线，都是女人在编织着美丽的期许和祝福。那一行行增高的衣针，分明就是女人的血液在流淌。伴着上下翻飞的针线，女人那细腻柔密的感情就在指尖跳跃。

beautiful lady's style
长款修身魅力上装

做法 P097~098

长款毛衣可以束腰，可以宽松，可以青春靓丽，也可以性感诱惑，搭配牛仔裤或者靴子，将时尚在冬日里发挥得淋漓尽致。

领口设计成U形，衬托出体型的美，提升了女性的魅力。

编织心得

1. 花样针部分的编织密度和罗纹针部分的编织密度不同。
2. 衣服分为前后片编织，衣袖直接连接在前后片上，拼合衣服的时候，要特别注意。

V领的设计，露出洁白的脖子和锁骨，显得人修长，也增加了女性诱惑的魅力。

做法 P099~100

beautiful lady's style
成熟款V领长装

灰色长款毛衣简洁大方，搭配牛仔裤带来生气。

编织心得

1. 花样针部分的编织密度和罗纹针部分的编织密度不同。
2. 衣服分为前片、后片、衣袖片，最后缝合整件衣服。

beautiful lady's style

系带式连帽休闲装

做法 P101~103

整件衣服宽大舒适，搭配运动的牛仔裤，更显得休闲味十足！穿上这一身去踏青，是不错的选择哦。

编织心得

每每看见好看的毛衣都会爱不释手，看个不停。朋友问我"你会织到什么时候？"我夸海口说："只要手能动，就会织不停，我的手是为织针长的。"我的人生是充满编织的人生。

两侧的口袋，增加了衣服的可爱度。腰带的加入，不但能起到收腰的作用，还让衣服有了飘逸的感觉。

beautiful lady's style

做法 P104~106

扭花纹长款披风

毛衣披风，不但不显得累赘，反而显得帅气十足。在秋冬季节里拉风的，不再只是风衣的专利了！

POINT

扭花纹的加入，在毛衣酷气成分中加入了美丽的成分。

编织心得

1. 下摆的长度可以根据具体的情况自己选择。
2. 衣服分为前片、后片、衣袖三部分编织，最后一起缝合整件衣服。

衣服上仅有的一颗纽扣，可扣可不扣，起到了修饰的作用。

beautiful lady's style

做法 P107~108

休闲连帽高腰背心

高腰的设计，提升了身体的修长感。

编织心得

1. 背心底边最后单独编织。
2. 背心的纽扣是手工制作的。

整件衣服显得时尚、高贵、运动，搭配休闲的牛仔裤，更是不可多得的休闲系列装。

beautiful lady's style
休闲个性小外套

做法 P109~110

在秋天穿着深色外套绝对是最舒适的选择,搭配吊带和牛仔裤,可以给人轻松和随意的休闲感觉。

POINT

编织心得

先按照不同的花样编织衣片,再将衣片缝合在一起即可。

衣服在胸前随意地折叠在一起,给人洒脱的感觉,与整体的休闲风格和谐统一。

领子层层叠叠，增加了可爱的氛围，提升了女性的高贵气质。

beautiful lady's style
独特多层领编织衣

做法 P111~112

把衣服织成编织物一样的花纹，独具风格，让人眼前一亮。

编织心得

1. 注意袖山和领窝的减针。
2. 衣服分为前片、后片、衣袖三部分进行编织，最后一起缝合整件衣服。
3. 扣子：钩出来之后，再包扣子。

beautiful lady's style
韩版甜美公主装

衣服显得甜美、可爱。穿上去，就像是可爱的公主一般。

做法 P113~114

POINT

编织心得

编织的时候要注意选用不同的针。所有的下摆均用大两号的针全平针编织，其余的用小两号的针编织。

蓬松的下摆，十分适宜地遮挡住了腰部的赘肉，即便是胖人，也可以放心地穿着。

宽大的袖子和下摆不显得松垮，反而显得很可爱。穿上去，就像是娇美的公主一般。

做法 P114~115

beautiful lady's style

可爱款对襟针织衫

简单的款式，低调的灰色，却在不经意中穿出这个季节的美丽！

POINT

编织心得

编织衣片的时候，将下部分均匀抽细褶，与上部等宽后，先用别针固定，然后再用缝纫机缝合。

beautiful lady's style
创意时尚高领披肩

做法 P116~117

简洁大方的灰色披肩，搭配黑色的打底衣，显得时尚、高贵。

POINT

披肩胸前的开衩，成为一个向下的V形，令人耳目一新。这是这件衣服的亮点所在。

POINT

编织心得

披肩显得高雅脱俗，搭配的打底衣服为黑色，显露出冷艳和高贵的气质。在清新脱俗的同时，带来性感的女人味！

introduction

陆 希

喜欢编织，崇尚简约风格。爱上编织已经很长时间了，编织让我的生活充满了激情，充满了乐趣。沉浸在编织的世界里，我感到很快乐。

双排扣增加了衣服的气魄，让整件衣服显得大气、霸气。

双排扣一直扣到脖子周围，衣襟就是衣领，这样的设计反而更凸显双排扣的连贯性。

做法 P118~119

beautiful lady's style

气质双排扣长衣

黑色的大衣将整个人团团围绕，给人一种不可侵犯的高贵气质。

编织心得

沉浸在编织里已经很久，最近更是爱不释手，看见漂亮的毛线就控制不住自己的购买欲，发现漂亮的衣服就想动手编织。在编织的世界里，我不能回头，也不理智，但是我宁愿如此，也不愿意改变，这就是我的编织情结。

POINT

beautiful lady's style

镂空式温婉薄毛衣

做法 P120

贴身的薄毛衣，柔美、服服帖帖地穿在身上，散发出温柔的气息，但是又不时地飘动一下，增添了温柔的妩媚感。

POINT

后背的镂空效果独一无二，让这款毛衣显得与众不同。

编织心得

毛衣的流行方向，不在于图案的繁杂，而在于整体的搭配，注重整体的搭配，让一件看似普通的毛衣变得时尚而唯一。简单的编织图案加上款式设计，可以花少量的时间，织出一件美丽的毛衣。

艳丽款休闲针织衫

【成品规格】衣长67cm，胸围88cm，袖长64cm，肩宽36cm
【工　　具】9号棒针
【材　　料】红色棉线500g，扣子3颗
【编织密度】21针×21行=10cm²

制作说明：
1. 编织后片上身，从下往上编织至肩部。起92针花样编织A，每7针一个花样，花样分布详解见图解，共编织23cm后，开始袖窿减针，方法顺序为1-4-1，2-2-2， 2-1-2，后片的袖窿减少针数为10针。减针后，不加减针往上编织至20cm的高度后，从织片的中间留34针不织，可以收针，亦可以留作编织衣领连接，可用防解别针锁住。两侧余下的针数，衣领侧减针，方法为1-2-1，2-2-1，最后两侧的针数余下15针，收针断线。
2. 编织前片上身，前片分为两片编织，左片和右片各一片，花样对应方向相反。起针与后片相同，起40针往上编织，编织花样分布详解及袖窿减针方法见花样编织B，共编织45cm，收针断线。
3. 用同样的方法再编织另一前片，完成后，将两前片的侧缝与后片的侧缝对应缝合，再将两肩部对应缝合。
4. 在前片衣襟及衣领边缘挑织衣襟，挑织6行，挑出的针数，要比衣领沿边的针数稍多些。最后在一侧前片钉上扣子，不钉扣子的一侧，要制作相应数目的扣眼。扣眼的编织方法为，在当行收起数针，在下一行重起这些针数，这些针数两侧正常编织。挑织完成后，按花样编织F钩边。
5. 编织衣摆。衣摆为横向编织，起30针，第1~7针编织花样C，每64行一个单元花。第8~30针编织花样D，每8行一个单元花。花样分布及加减针方法详见花样编织C/D。注意，花样C每编织2行，对应花样D编织4行，最后共编织4个单元花，即256行。编织完成后将衣摆与上身片缝合。
6. 两片袖片，分别单独编织。从袖口起织，起45针，中间25针编织花样E，两边各编织10针上针，花样分布详见花样编织E，袖片加针方法为4-1-15，织56行后开始袖山减针。
7. 袖片的编织：从第一行起要减针编织，两侧同时减针，减针方法如图，依次2-2-3，2-1-10，2-2-3，2-4-1，最后留下17针，收针断线。
8. 将两袖片先与衣身的袖窿线边对应缝合，再缝合袖片的侧缝。
9. 编织袖摆。袖摆的编织方法与衣摆相同，织2个单元花样，编织完成后与袖片缝合。

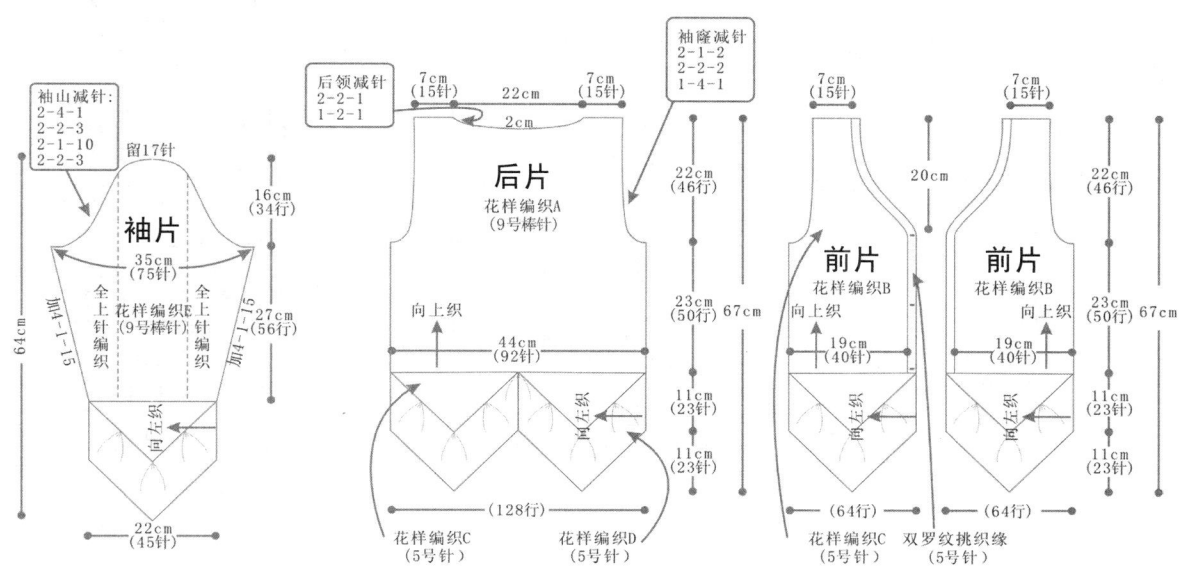

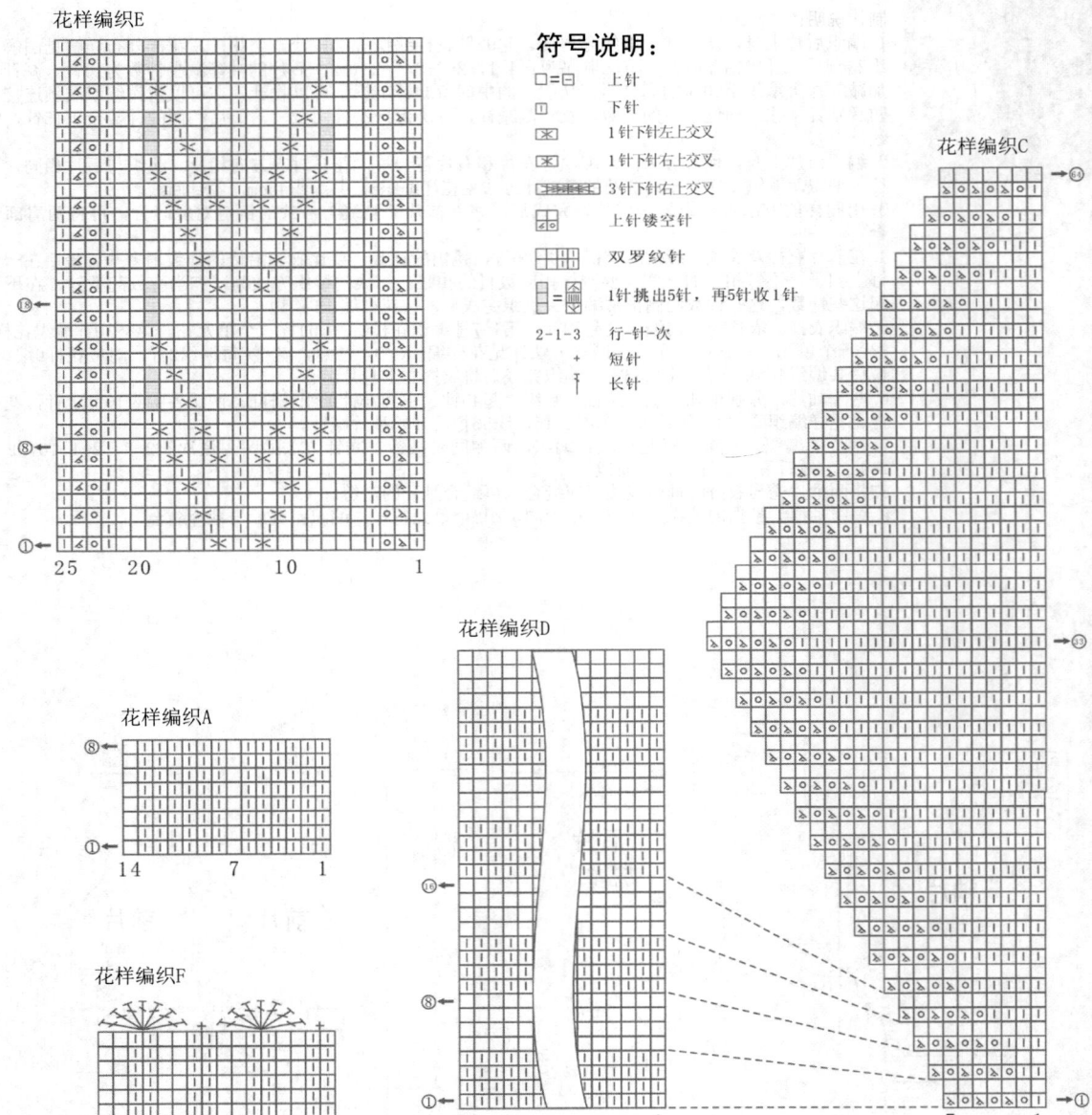

花样编织B

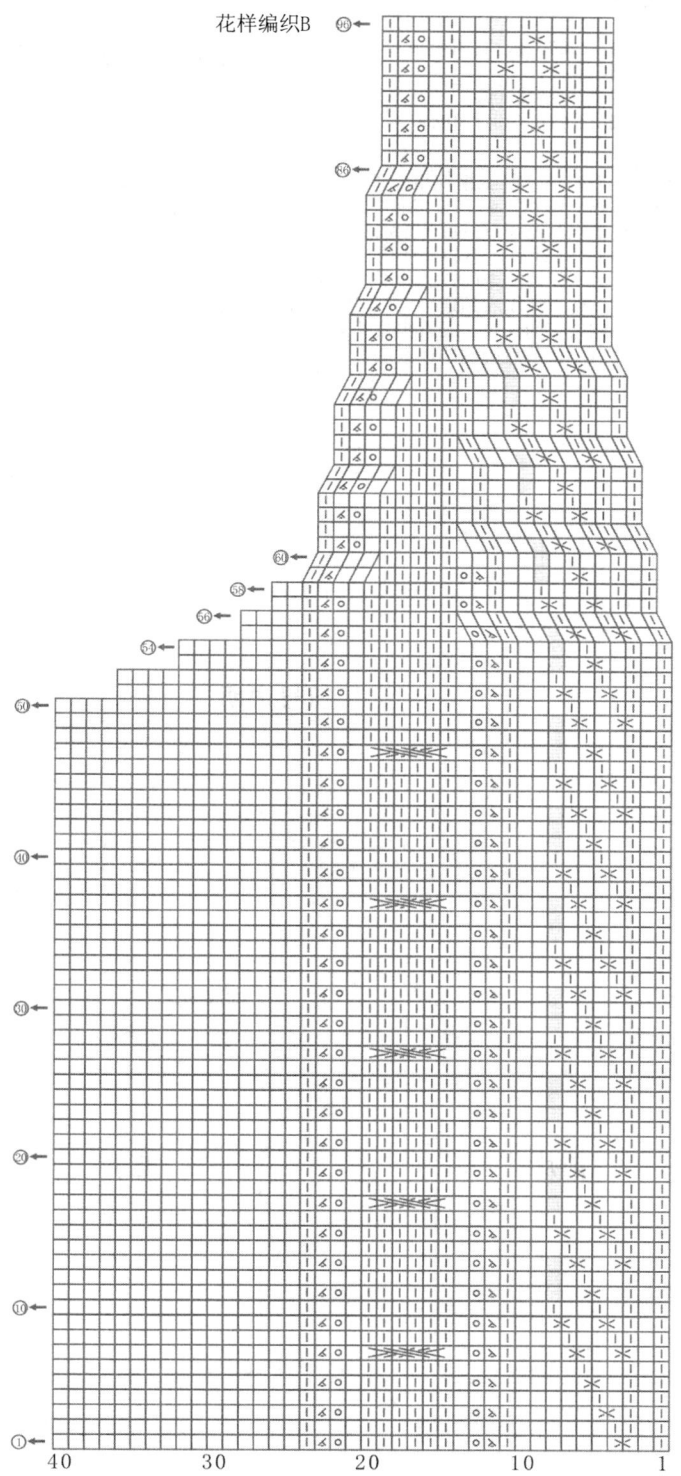

051

高领休闲短袖上装

【成品规格】衣长63cm，胸围90cm，肩宽42cm
【工　　具】9号棒针
【材　　料】紫色棉线400g
【编织密度】22.2针×19行=10cm²

制作说明：

1. 编织后片时，从下往上编织至肩部。起100针双罗纹编织，编织7cm(14行)后，开始全上针编织，往上织34cm(64行)后开始袖窿减针，方法为1-3-1；减针后，不加减针往上编织至20cm的高度时，织片的中间留20针不织，可以收针，亦可以留作编织衣领连接，可用防解别针锁住；两侧余下的针数，衣领侧减针，方法为2-2-1，2-1-1，最后两侧的针数余下22针，收针断线。

2. 编织前片，从下往上编织至肩部。起100针双罗纹编织，编织7cm(14行)后，开始编织花样。第1行先织3针上针，再编织花样B，6针为一个花样；再编织34针上针，再编织14针的花样编织A，花样分布详解见花样编织A，再编织34针的全上针间隔，再织6针花样编织B，再织3针上针，第1行编织完成。往上织34cm(64行)后开始袖窿减针，方法为1-3-1；减针后，不加减针往上编织至15cm的高度时，开始前领减针，方法顺序为2-4-2，2-2-1，2-1-3，两边各减13针，共织14行后收针断线。

3. 挑织衣领。挑织的针数要比衣领本身稍多些，圈织双罗纹针，织13cm后收针断线。

4. 挑织袖片，挑织的针数要比袖窿本身稍多些，圈织双罗纹针，从第3行起开始袖底缝收针，以前后片缝合处2针为中心，两边同时收针，方法为2-1-4，织5cm后收针断线。

双罗纹编织

花样编织B

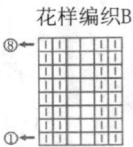

符号说明：

□=□ 上针
□ 下针
左上2针与右下1针交叉
右上2针与左下1针交叉
右上2针与左下2针相交叉，中间间隔2针上针

2-1-3　行-针-次

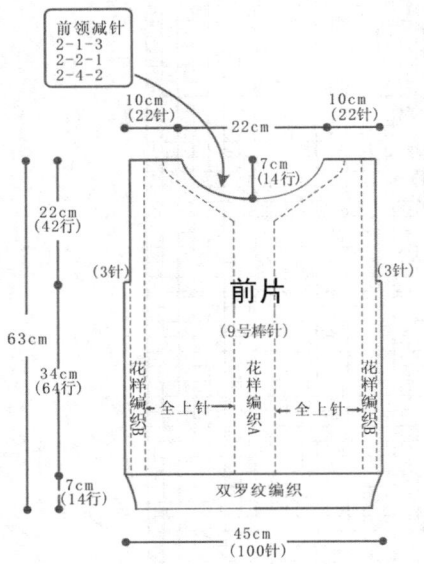

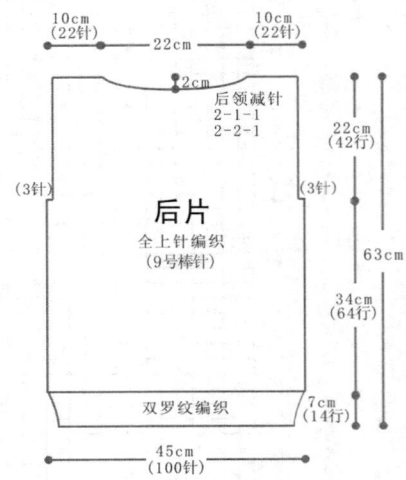

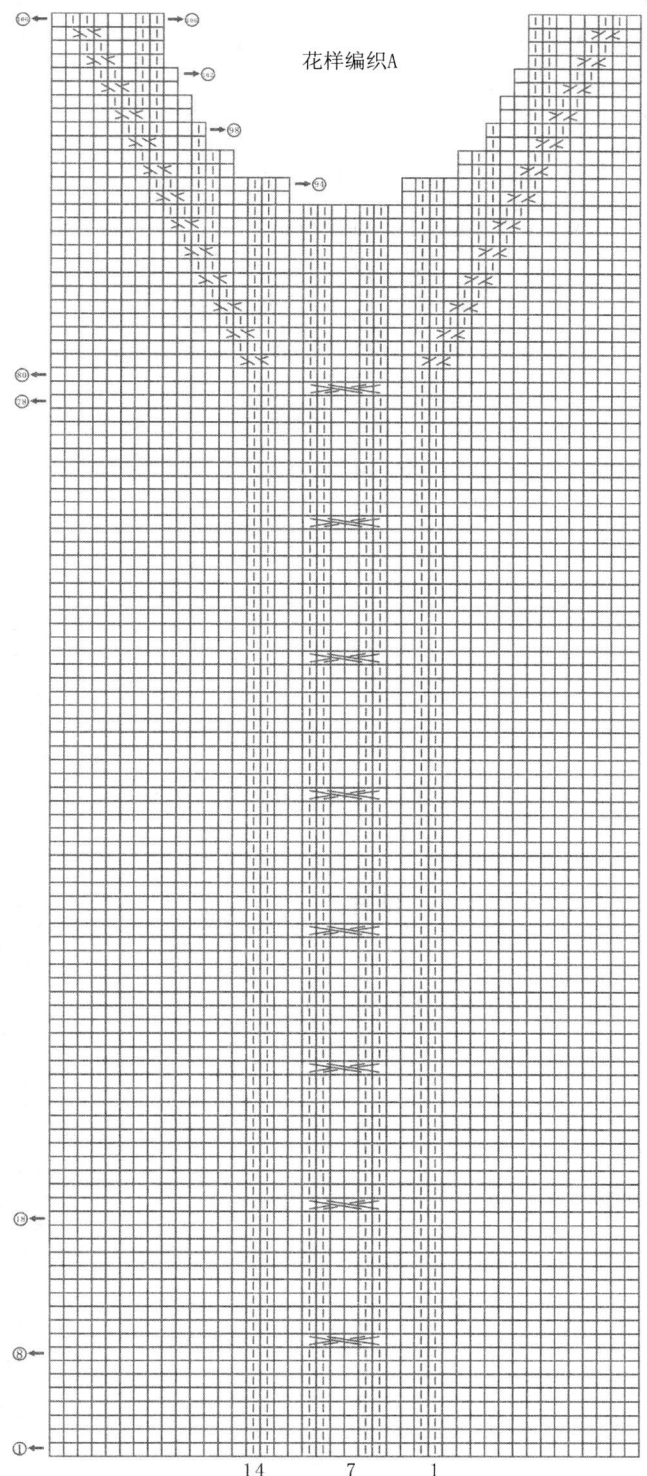

宽松版高领蝙蝠衫

【成品规格】衣长60cm,下摆宽114cm,袖长69cm
【工　具】9号棒针
【材　料】红色羊毛线400g
【编织密度】19针×19行=10cm²

制作说明:
1. 前、后片及袖片为一片圈织,从衣摆起织,往上编织至衣领。
2. 起368针圈织,用其他颜色线标记第368、1、112、113、184、185、296、297针,共8针作为衣服的四条侧骨,全部编织下针,花样编织详见前后片花样编织。编织方法为:先不加减针编织22cm(42行),开始减针,减针方法为4-2-15,注意减针位置,在侧骨两边同时减针,右边要用拨收方法:编织29cm(56行)后,不加减针往上再织9cm(18行)。开始编织衣领,衣领编织双罗纹针,织18cm后收针断线。
3. 挑织袖片口。挑起的针数要比袖片边缘稍少些,挑织完成后加4针,圈织,织9cm后收针断线。

符号说明:
- □=□ 上针
- □ 下针
- 3针下针右上交叉
- 3针下针左上交叉
- 双罗纹针
- 2-1-3 行-针-次

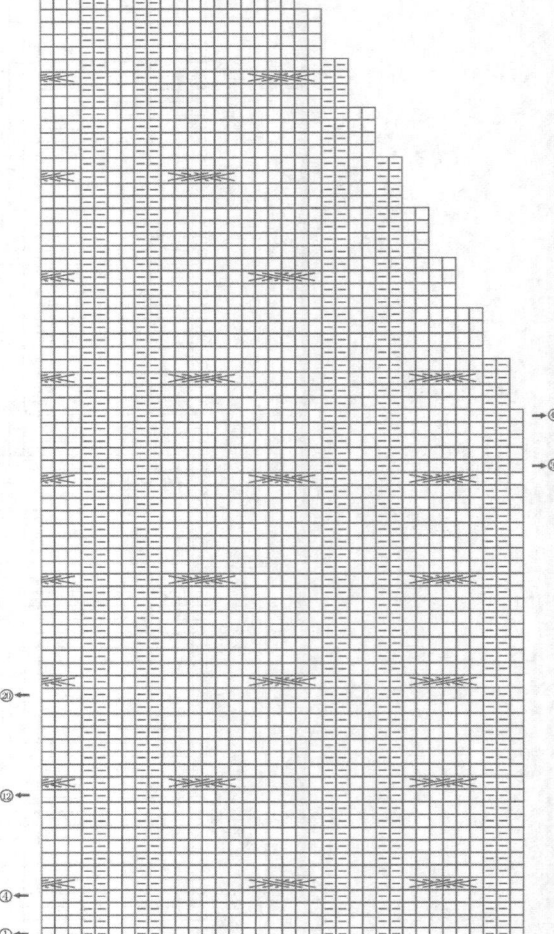

袖片花样编织
(右半部分)

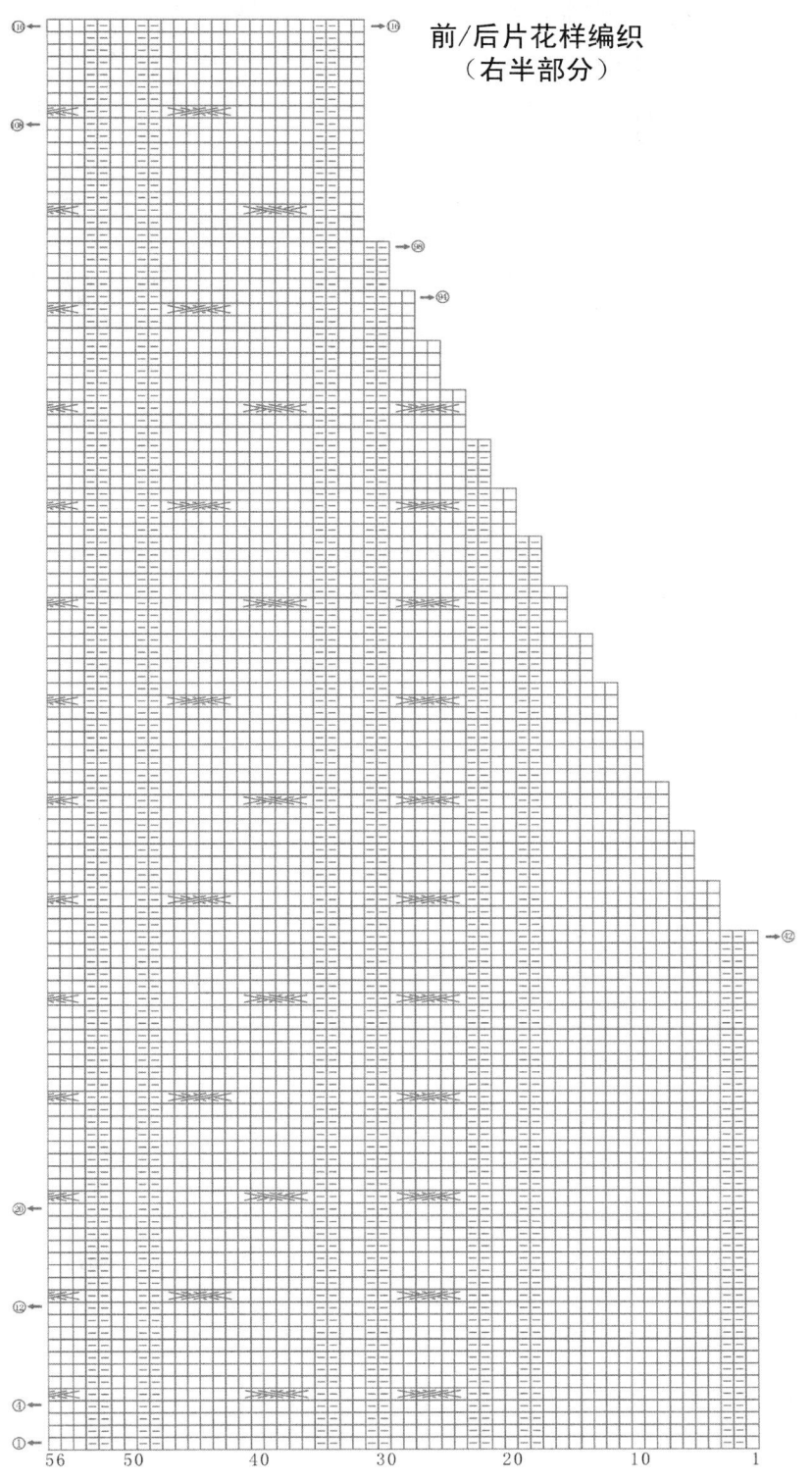

前/后片花样编织
（右半部分）

菱形花纹长袖上装

【成品规格】衣长88cm，胸围96cm，肩宽41cm
【工　　具】9号棒针
【材　　料】乳白色粗棉线500g
【编织密度】11.3针×11.6行=10cm²

制作说明：

1. 编织后片：从下往上编织至肩部。起48针编织，间隔编织2针下针、1针上针，编织6行后，开始编织花样。花样分布详解见后片花样。织70行后，开始袖窿减针，方法为2-2-1、2-1-3，减针后，不加减针往上编织至28行，织片的中间留14针不织，可以收针，亦可以留作编织衣领连接，可用防解别针锁住；两侧余下的针数，后领侧减针，方法为1-4-1，1-2-1，最后两侧的针数余下9针，收针断线。
2. 编织前片，前片编织方法和尺寸与后片相同，编织至80行时，开始前领侧减针，方法顺序为2-4-1、2-2-2、2-1-1、4-1-1，减针后，不加减针往上织22行，收针断线。前片编织完成后，与后片两侧缝分别缝合，再将两肩缝缝合。
3. 挑织衣领。挑织的针数要比衣领本身稍多些，圈织双罗纹针，织8行后收针断线。
4. 袖片编织：起34针编织2针下针，1针上针，编织12行后，开始编织花样并加针，花样分布见图解，加针方法是14-1-3，织70行后开始袖片减针，方法顺序见结构图，最后余8针，收针断线。
5. 将袖片头与袖窿对应缝合，再将袖片侧缝缝合。

符号说明：

| □=□ | 上针 |
| □ | 下针 |
| 左上2针与右下1针交叉 |
| 右上2针与左下1针交叉 |
| 1针下针右上交叉 |
| 2针下针右上交叉 |

2-1-3 行-针-次

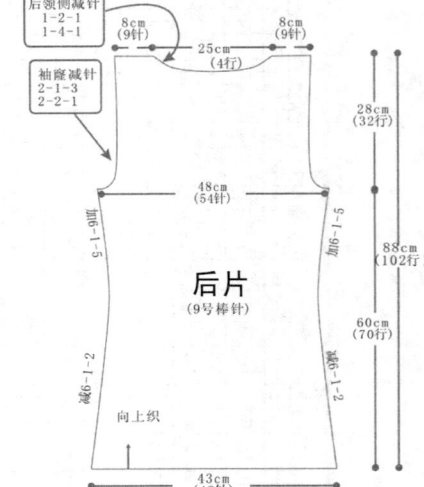

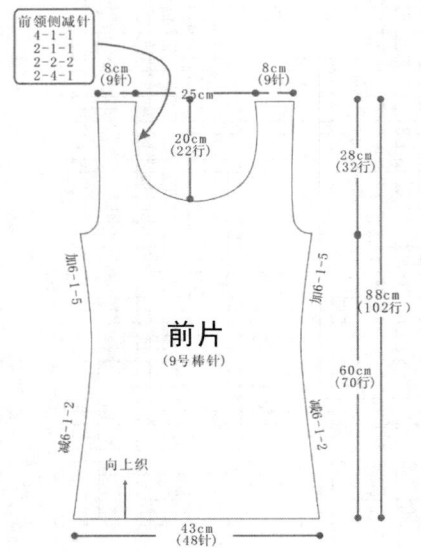

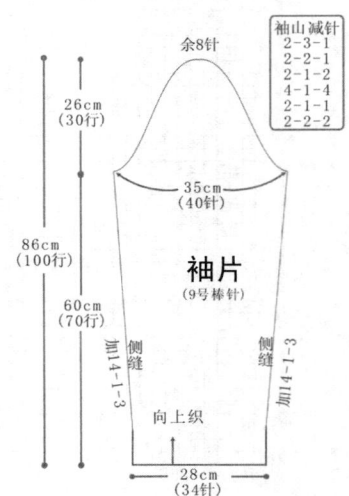

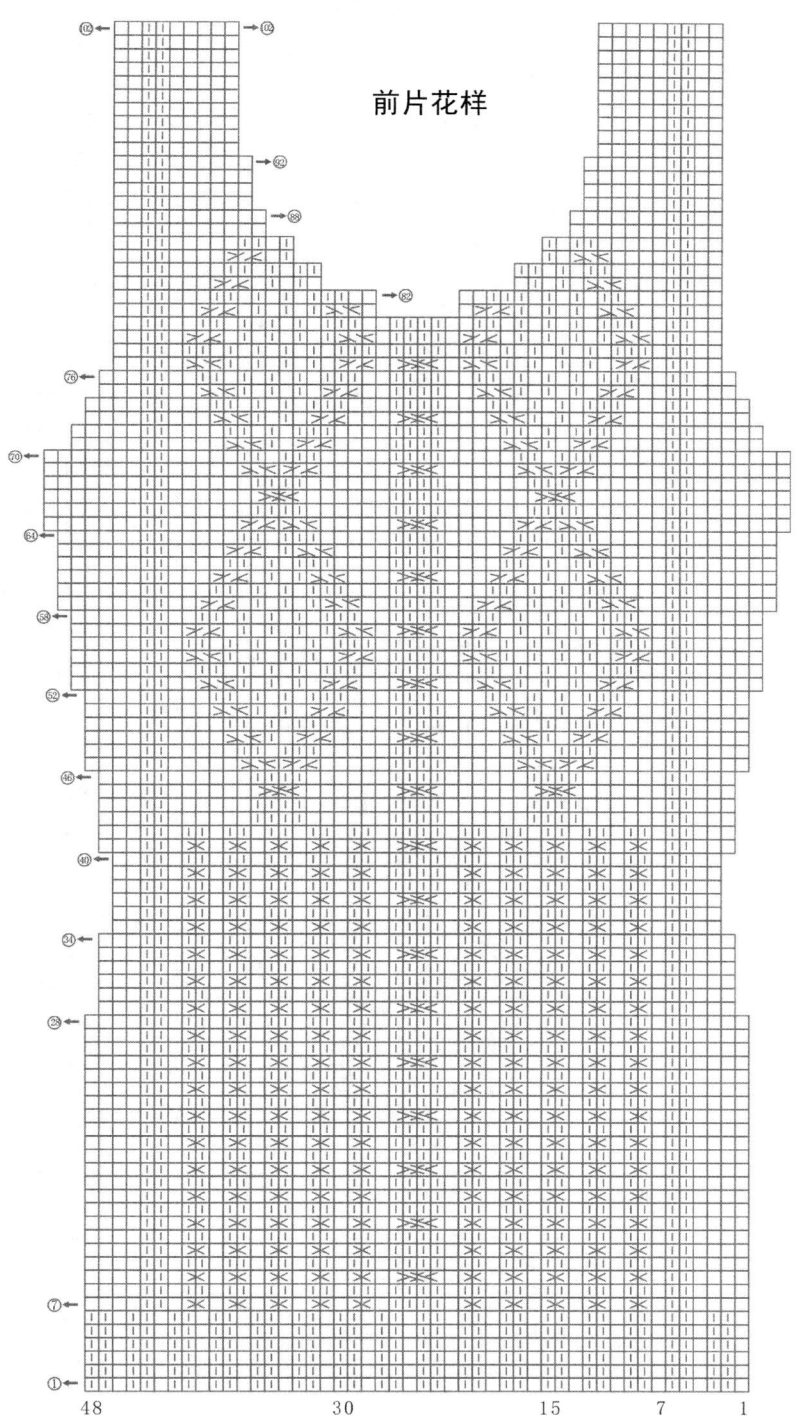

前片花样

后片花样

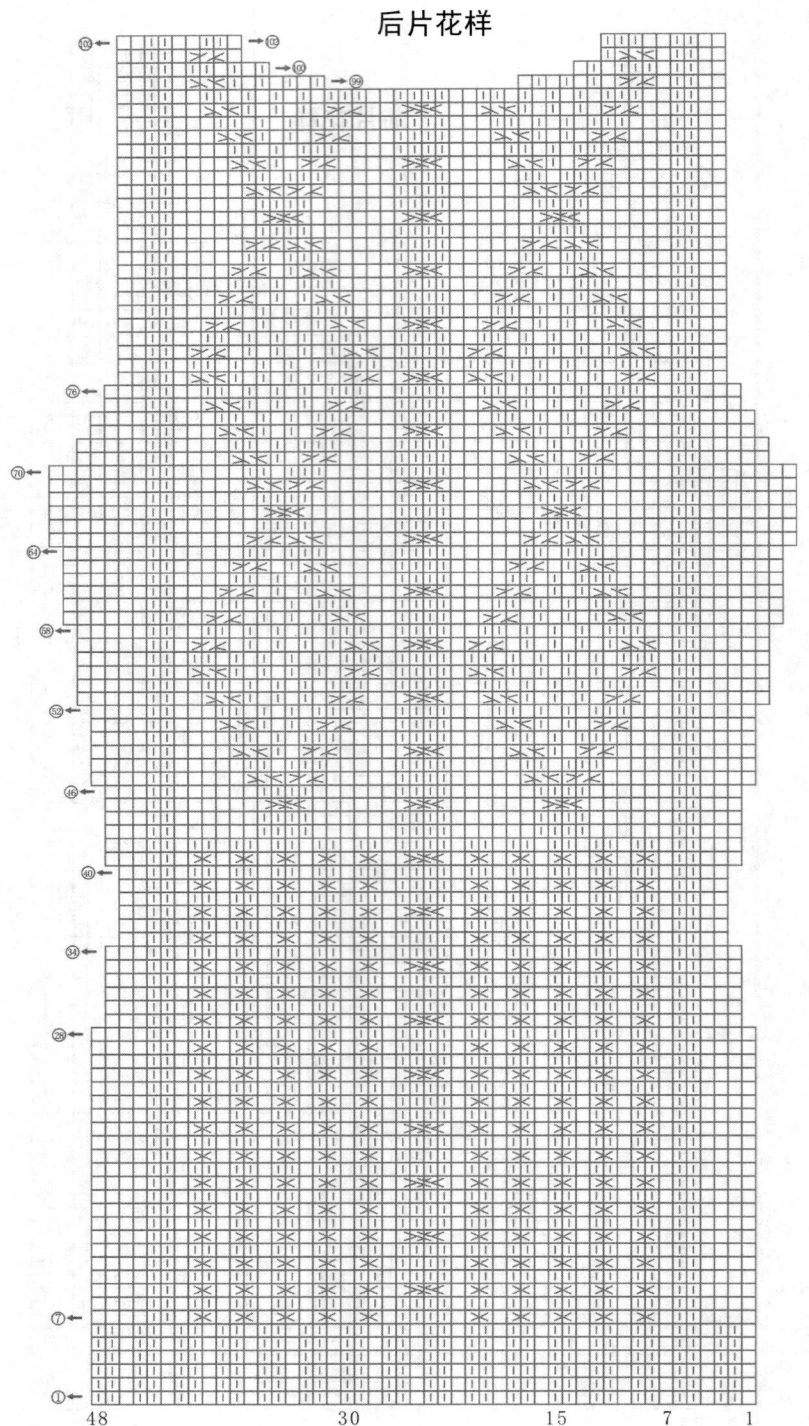

袖片花样

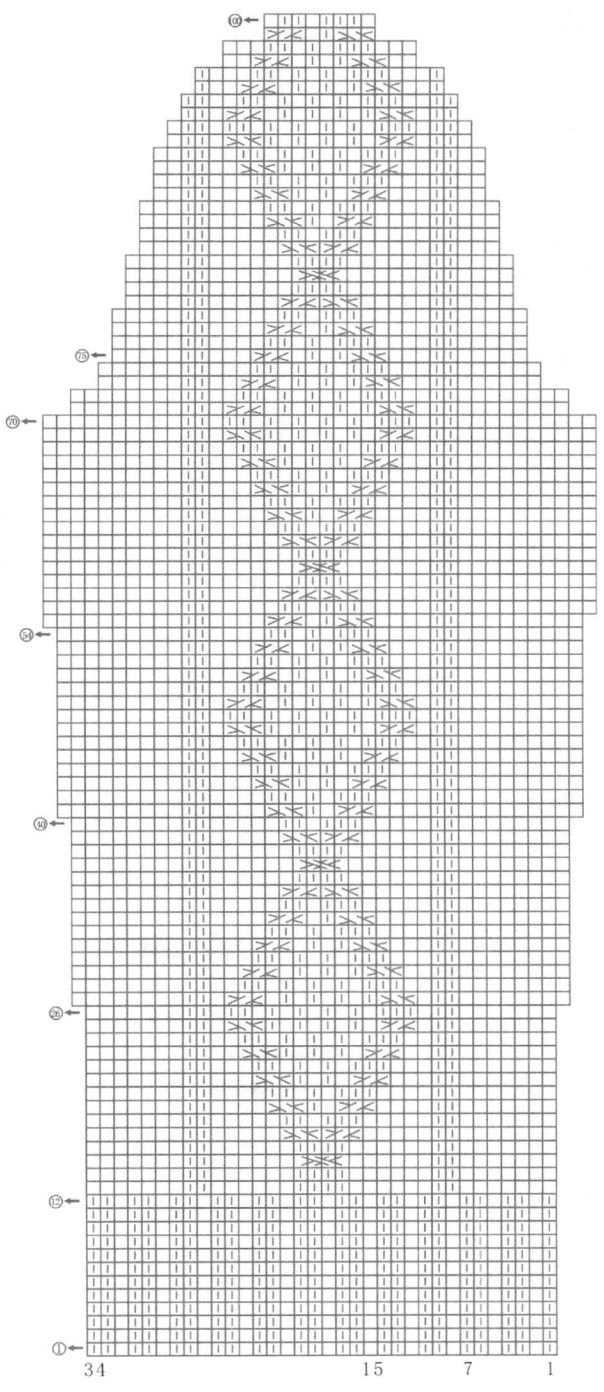

素雅扭花纹上衣

【**成品规格**】衣长48cm,胸围106cm,肩宽37cm

【**工 具**】9号棒针

【**材 料**】白色棉线500g

【**编织密度**】25针×26行=10cm²

制作说明:

1. 编织后片,从左边袖口往右横向编织到右边袖口。起34针,先编织1针花样B,再编织一个花样编织A(32针),再织1针花样B;不加减针编织5.5cm(14行)后,两侧开始加针,加针方法为3-1-13,共织16cm(42行);在下边加起52针,从下往上,先织14针花样B,再织38针花样C,下侧边不加减针往上织,上侧继续加针,方法为3-1-7;织到29.5cm(76行)后,两侧不加减针往右织,再织48行,则后片的左半部分完成,对称的方法接着织完右半部分。
2. 编织左前片,前片的编织方法与后片相同,织到29.5cm(76行)后,收针断线。同样的方法对称编织右前片。
3. 衣领是编织好后缝在衣服上的。起47针,编织花样B,共织344行。织好后缝合于衣领位置。
4. 袖片边也是编织好后缝在衣服上的。起14针,编织花样B,共织68行。织好后与起针处缝合,再缝合于袖口位置。同样方法再织另一片袖片边,缝合于另一个袖口。

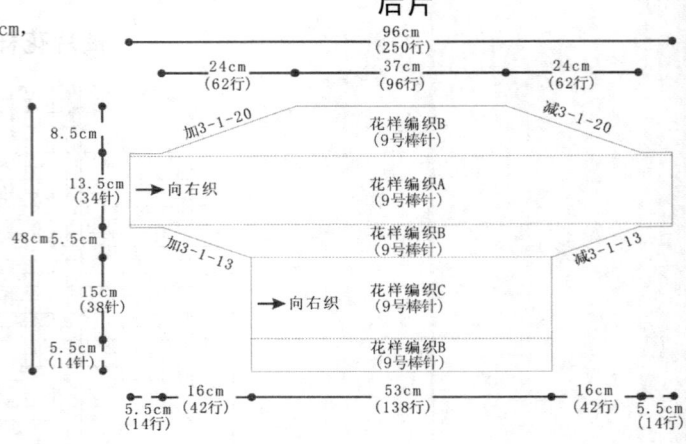

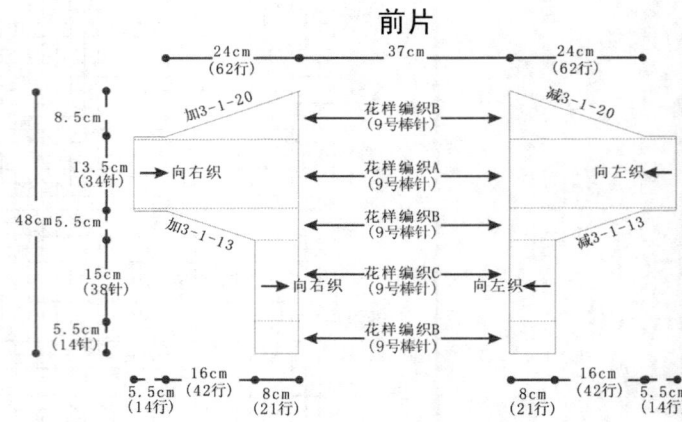

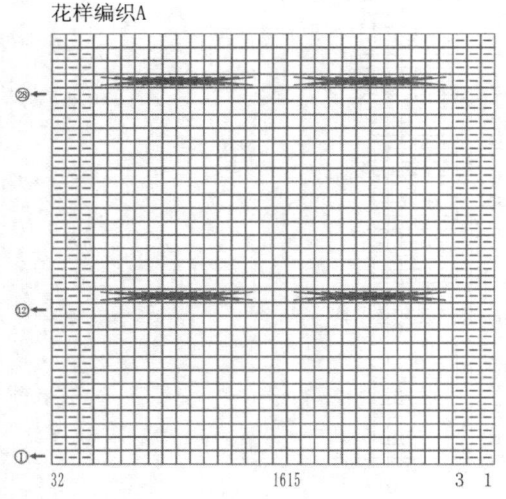

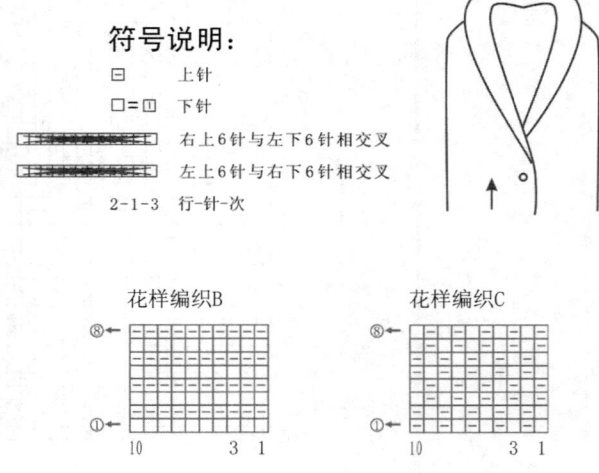

气质高领蝙蝠衫

【成品规格】衣长72.5cm
【工　　具】5号棒针
【材　　料】咖啡色棉线500g
【编织密度】26针×29.5行=10cm²

制作说明：

1. 整件衣服从上往下圈织。先编织衣领。起120针圈织，2针下针1针上针，编织17cm高度后，改为全下针编织，编织4行下针，再织1行上针，再织4行下针；向内折叠与全下针起针那行缝合，形成双层领口。
2. 编织前、后片。前、后片同时圈织。沿双层领口的边缘挑织120针，用别针标记出第1、31、61、91针作为加针的前后左右中心骨；从第3行起开始在每条中心骨的两侧镂空加针，方法为2-1-98，详细方法见花样编织A。编织到165行时，从左右两侧骨位置将前后片分开编织，留出袖口；编织到194行时，改织花样B，中心骨两侧继续加针，再编织6行后，收针断线。
3. 钩织衣摆边缘。详细方法见花样编织C。钩织完成后绑上吊须。
4. 挑织袖片。在衣摆留出的袖口位挑织60针，编织单罗纹针，织7cm长后收针断线。

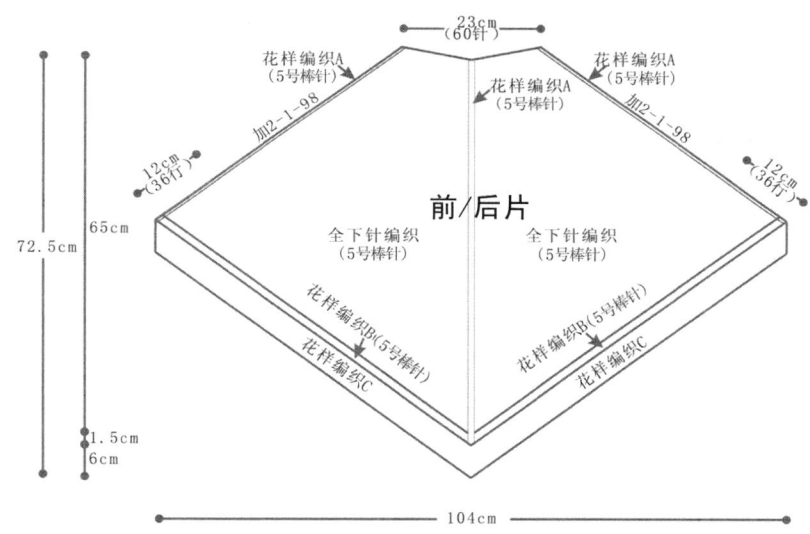

符号说明：

- □ 上针
- □|□ 下针
- ▽ 左右镂空加针
- ⊡ 下针镂空针
- 2-1-3 行-针-次
- ⌒ 锁针
- ✝ 短针
- | 长针

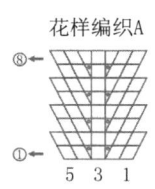

花样编织A

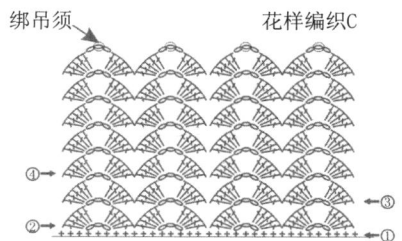

绑吊须　花样编织C

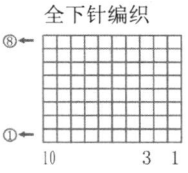

全下针编织

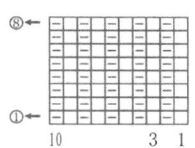

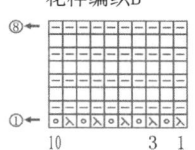

花样编织B

可爱圆领短袖上衣

【成品规格】衣长80cm，胸围88cm，袖长18cm，肩宽40cm
【工　　具】5号棒针
【材　　料】黄色极细棉线600g
【编织密度】32针×28.5行=10cm²

制作说明：
1. 整件衣服从下往上编织。先编织后片。起156针，先织1行下针1行上针，再1行下针1行上针；第5行开始编织花样A，每12针一个花样，共织13个花样；织60行后，开始编织花样B，花样B为单元团花拼接，共织6个单元花，详细编织方法见花样编织B，拼接后与衣下摆缝合；再继续往上挑织花样C，挑140针，共编织4行；第5行开始编织花样D，每16针一个花样；编织30cm(86行)后，两边各收6针，开始插肩袖隆减针，方法为4-2-16，共织64行后，后领留下64针，收针断线。
2. 编织前片。前片的编织方法与后片相同。袖隆收针后，再编织49行，开始前领两边同时收针，方法顺序为1-16-1，2-6-1，2-2-4，2-1-2，共编织15行后，收针断线。
3. 编织袖片，袖片从下往上编织，先起74针，编织1行下针1行上针，再织1行下针1行上针，开始编织花样A，两边同时收针，收针方法为4-2-12，最后留下24针，收针断线。同样的方法再编织另一袖片。
4. 编织完成后，将前后片的侧缝对应缝合，袖片两边侧缝分别与前后片插肩袖隆对应缝合。
5. 挑织衣领，挑出的针数要比衣身原本针数稍多些，编织单罗纹针，织10行后收针断线。

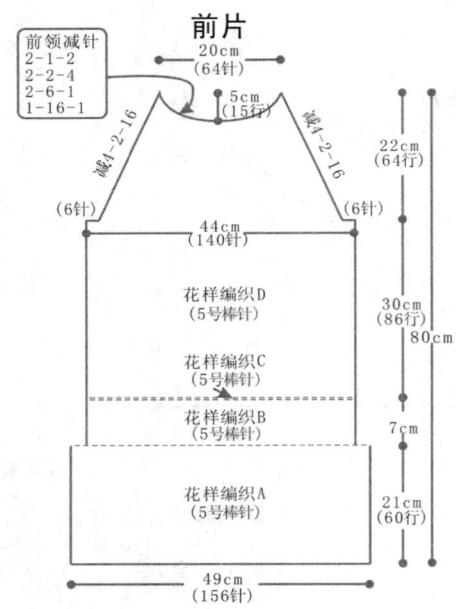

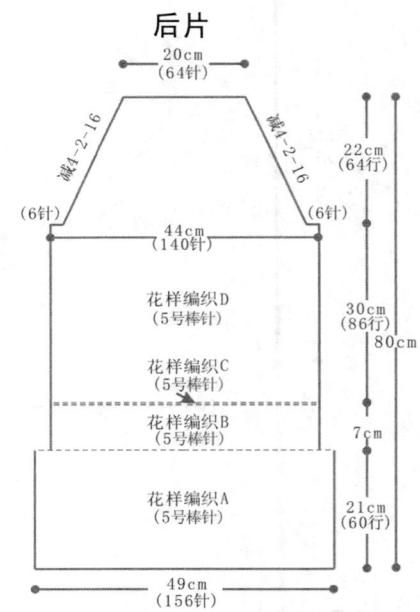

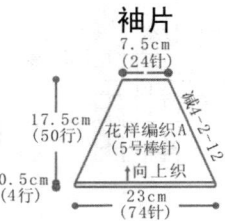

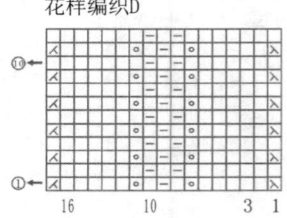

单罗纹编织

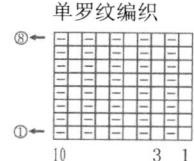

花样编织A

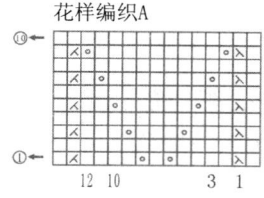

花样编织C

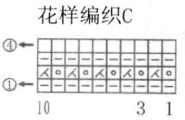

花样编织B

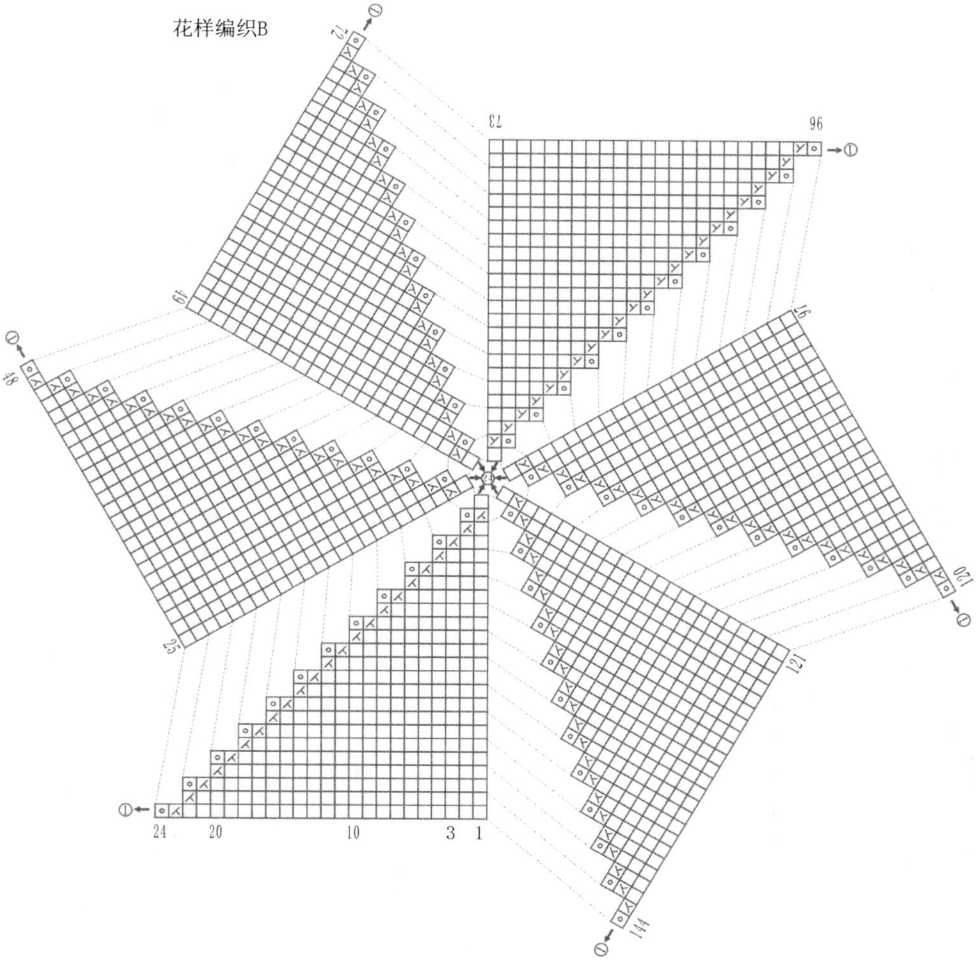

吊带式时尚小背心

【成品规格】胸围80cm，衣长40.5cm
【工　　具】3号棒针
【材　　料】鄂尔多斯羊绒线（双股）120g
【编织密度】27针×40行=10cm²

制作说明：
1. 从下摆起216针，从下往上圈织双罗纹针15cm，分成前后各1/2。
2. 前片按针法图在左右两侧中间加针织出杯罩形状。
3. 后片往上织下针，两侧腋下织双罗纹针。
4. 织到合适高度后，分成左右前片及后片进行编织到肩带，最后合并好前后肩带。

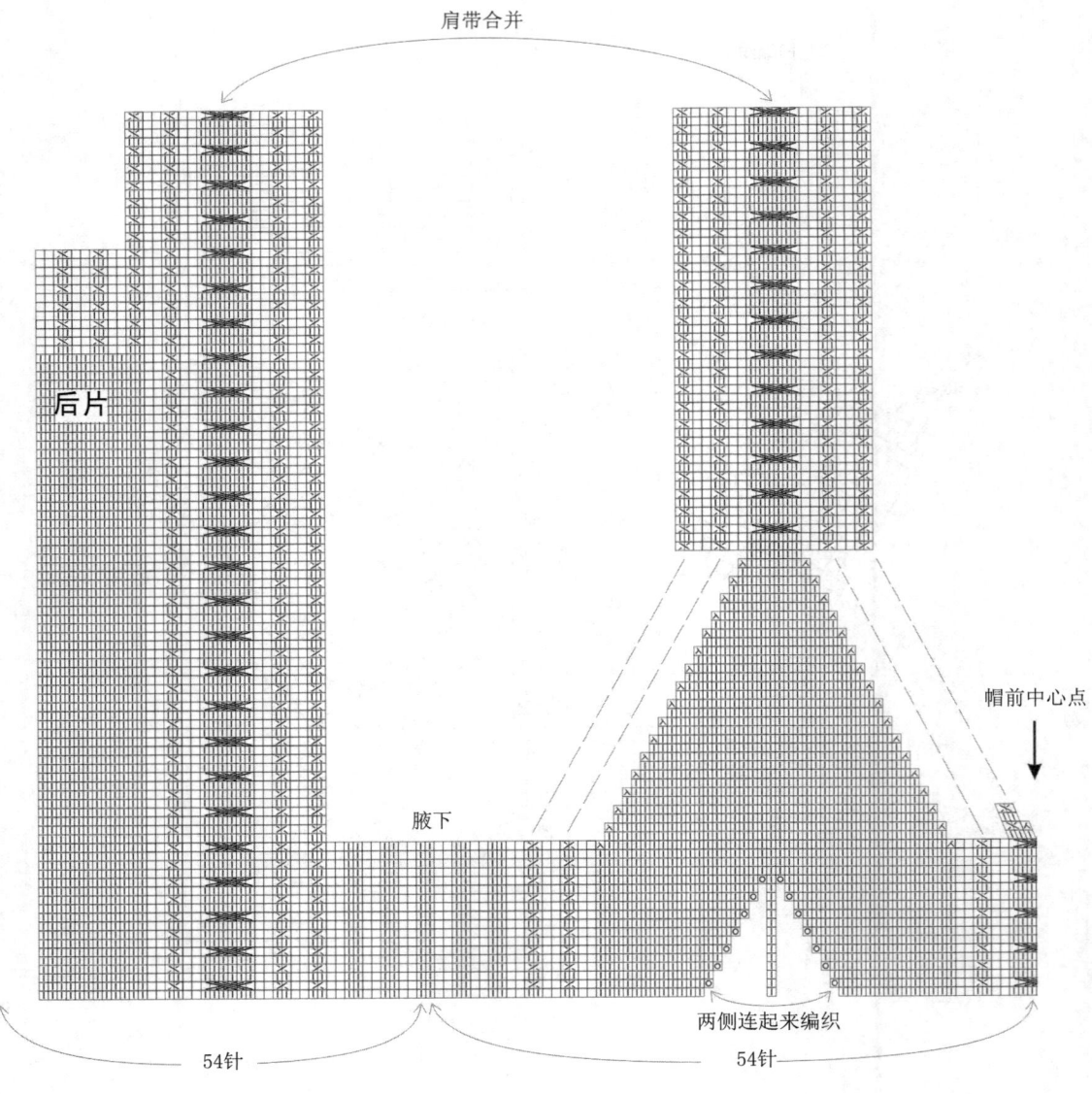

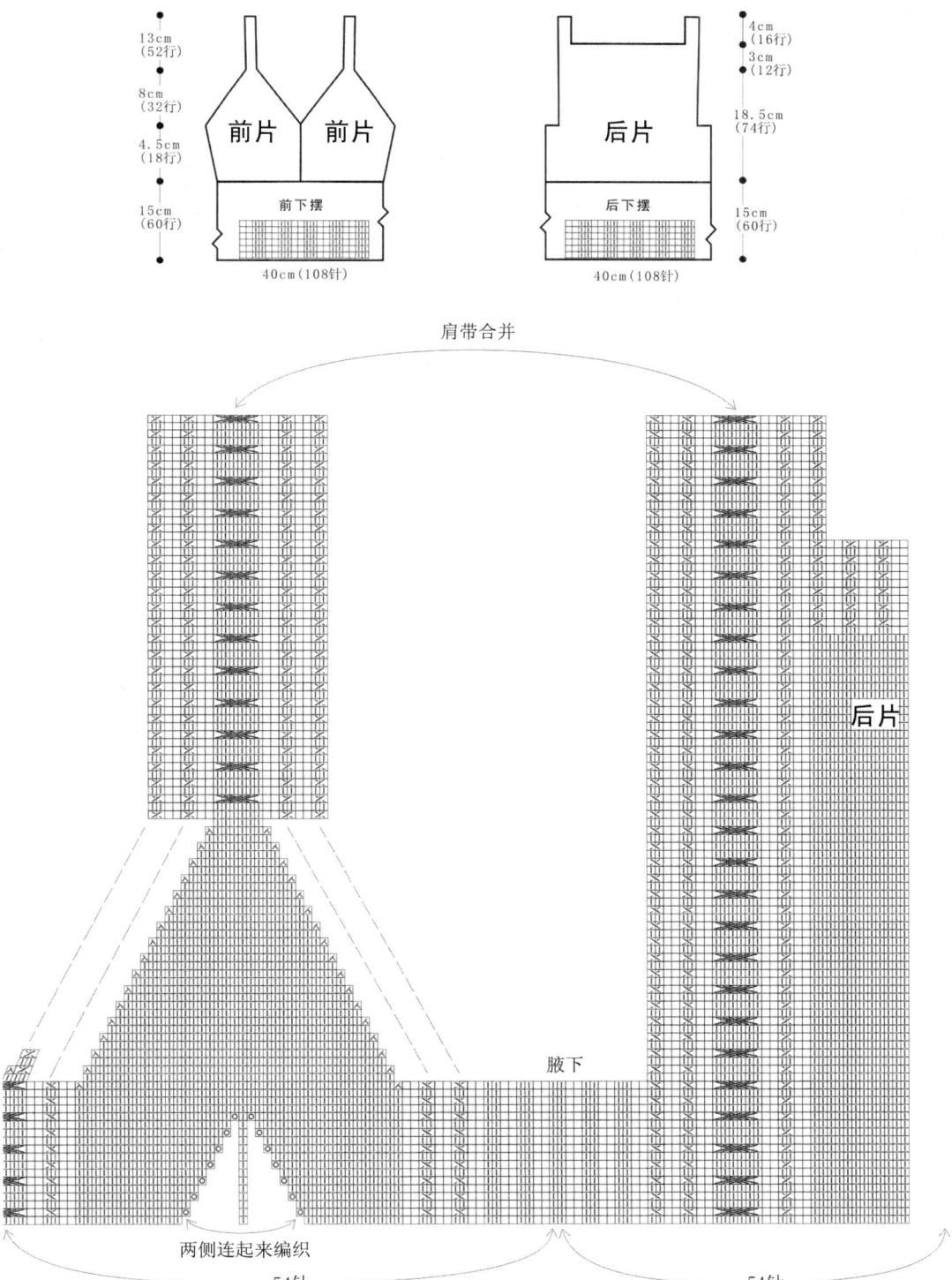

清纯可人针织衫

【成品规格】衣长60cm，胸围90cm，肩宽36cm，袖长63cm
【工　　具】7号棒针
【材　　料】绿色棉线400g
【编织密度】28针×29行=10cm²

制作说明：
1. 编织后片，从下往上编织至肩部。起126针编织双罗纹针，编织2行后，开始编织花样A，花样分布详解见编织花样A。织39cm(113行)后，开始袖窿减针，方法为1-3-1，2-2-4，2-1-1。减针后，不加减针往上编织至15cm后，开始后领减针，两侧同时减针，方法为2-3-8，最后两边各留25针，收针断线。
2. 编织前片，前片编织花样A，尺寸与后片相同。编织至20cm(58行)时，开始从左右侧编织花样B。再织19cm后，开始袖窿减针，袖窿减针方法与后片相同。织15cm后，开始前领减针，中间8针麻花留起来不织，两侧同时减针，减针方法为2-3-8，织6cm后，收针断线。前片编织完成后，与后片两侧缝分别缝合，再将两肩缝缝合。
3. 衣领单独编织。挑织前领留下的8针，从中间分开，两边同时编织花样C，编织到适合长度后，缝合，再与衣领边缘缝合。
4. 袖片编织：起56针编织双罗纹针，编织2行后，开始编织花样A；同时加针，加针方法为6-1-22；织136行后开始袖片减针，方法顺序见袖片图；最后余24针，收针断线。
5. 将袖片头与袖窿对应缝合，再将袖片侧缝缝合。

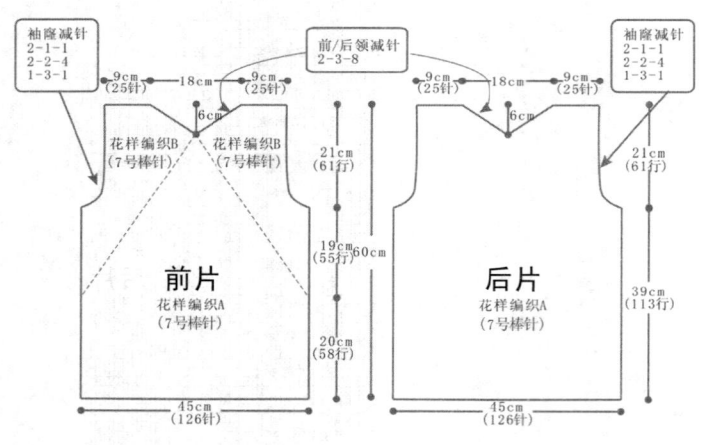

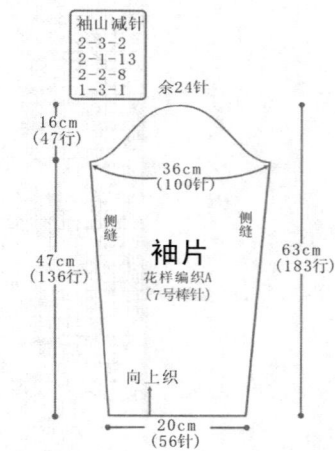

符号说明：
□　上针
□=□　下针
　　右上2针并为1针
　　镂空针
　　右加针
　　2针下针右上交叉
2-1-3　行-针-次

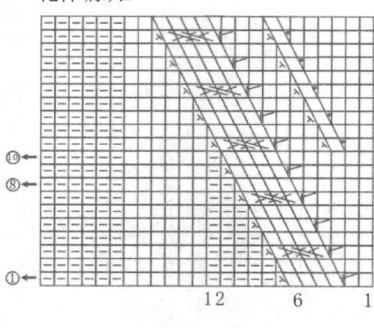

花样编织B

花样编织A

花样编织C

双罗纹针

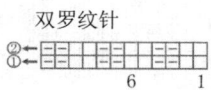

前片花样

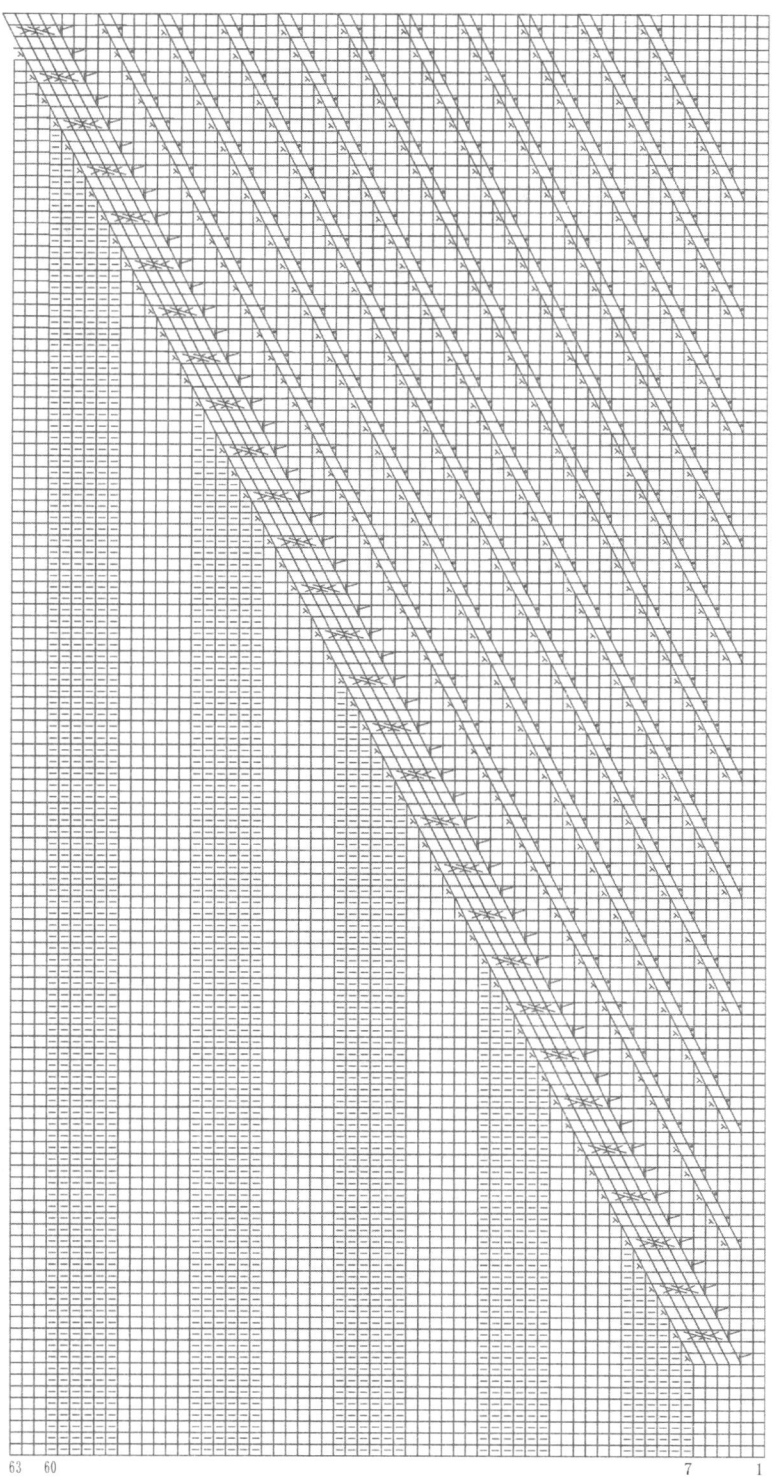

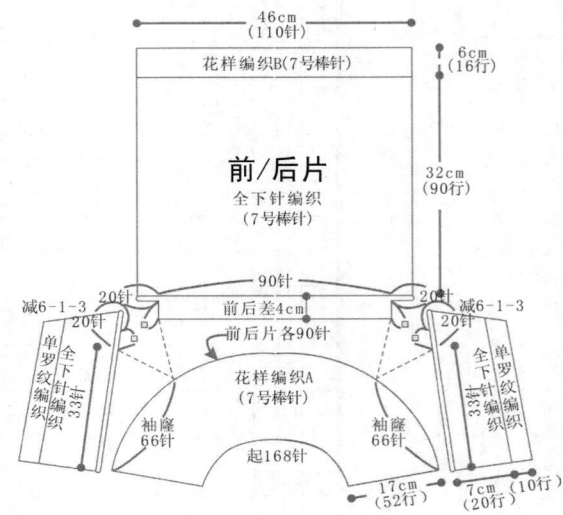

气质青翠佳人装

【成品规格】衣长55cm，胸围92cm，袖至肩长27cm
【工　　具】7号棒针
【材　　料】绿色棉线400g
【编织密度】24针×30行=10cm²

制作说明：
1. 整件衣服从衣领往下圈织至衣摆。起168针编织单罗纹针，编织10行后，开始编织花样A。每14针一个花样，共起12个花样，花样分布及加针方法详见前/后片图解。织至312针(52行)后，开始分袖窿。整件衣服分为前片、后片、左袖片、右袖片四部分：90针+66针+90针+66针。
2. 先编织后片。全下针编织，织4cm(10行)后，第11行起与前片连起来圈织，方法为：先织完后片的90针，再加起20针，再织前片90针，再加起20针，再圈织回后片，不加减针往下织，共编织32cm后，改为花样B编织，再编织6cm后，收针断线。
3. 袖片编织。重新起线编织上面留起来的袖片部分共66针，再挑织后片加织的10行，共挑6针，再挑织前后片加起的20针，圈织，一边织一边减针。减针时确定袖底中心缝，两边同时减针，减针方法是6-1-3，一个袖片共减去6针。编织7cm(20行)后，改织单罗纹针，编织10行后，收针断线。同样的方法编织另一个袖片。

花样编织B

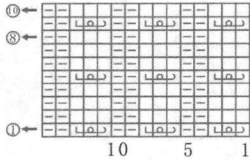

单罗纹编织

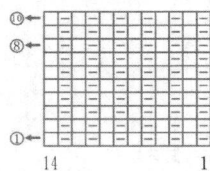

符号说明：
□	上针	👉	右上2针并为1针
□	下针	☐	镂空针
△	中上3针并为1针	☐	左加针
☒	左上2针并为1针	☐	右加针
☐	1针挑出3针，编织2行后，再中上3针并为1针	☐	铜钱花 2-1-3 行-针-次

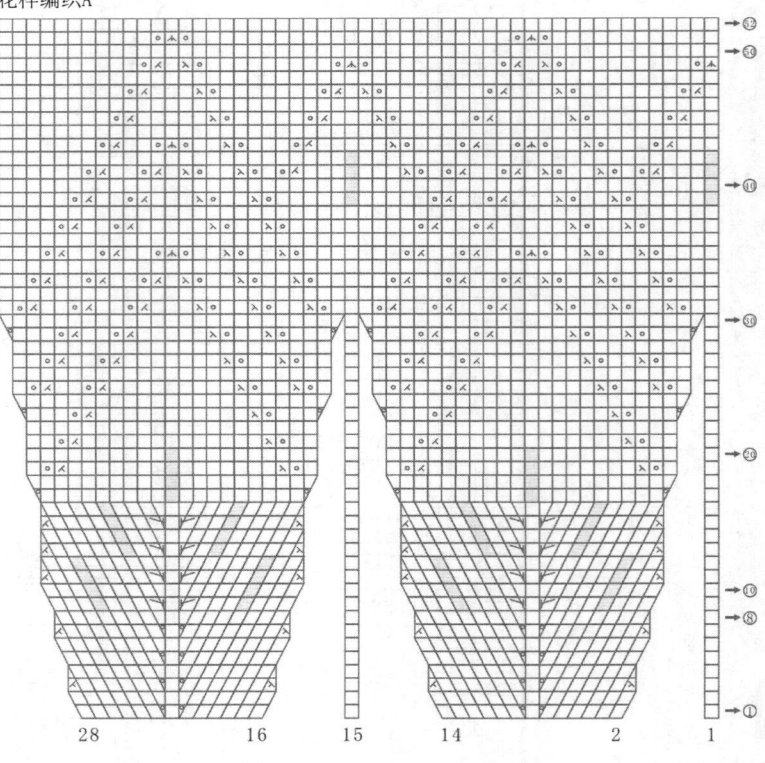

粉嫩V领可爱装

【成品规格】衣长55cm，胸围88cm，袖长至肩22cm
【工　　具】5号棒针
【材　　料】粉红色极细棉线400g
【编织密度】24针×22行=10cm²

制作说明：

1. 整件衣服从下往上编织。先编织后片。起105针，编织双罗纹针5cm，固定前片的中心位置，开始编织花样。花样A共53针，两边各26针下针，不加减针往上织30cm，开始两边插肩收针，方法为1-4-1，4-2-11。织至13cm时，开始衣领减针，先留出最中间1针不织，其他减针方法为2-2-1，2-4-6，最后两边各留1针，收针断线。
2. 前片的编织方法与后片相同。
3. 编织袖片。袖片从下往上编织，先起56针，编织双罗纹针，织6行，改为全下针编织，并开始两边同时收针，收针方法为4-2-11，最后留下12针，收针断线。同样的方法再编织另一袖片。
4. 编织完成后，将前后片的侧缝对应缝合，袖片两边侧缝分别与前后片插肩袖隆对应缝合。
5. 挑织衣领。挑出的针数要比衣领原本针数稍多些，编织双罗纹针，织4cm后收针断线。注意衣领的收针方法为：在前后两个中心位采用中上3针并为1针的方法同时收针，每2行收一次，共收4次。

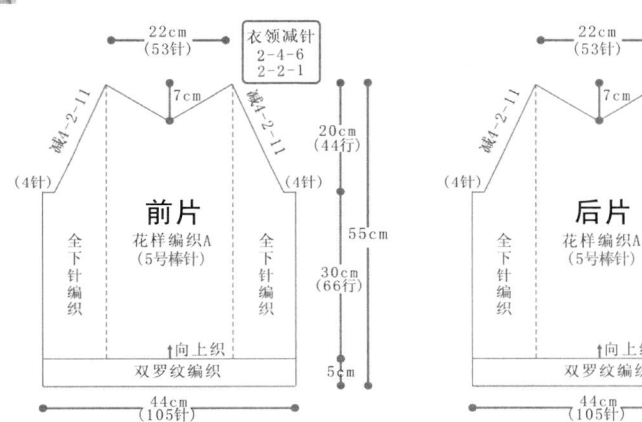

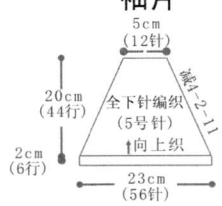

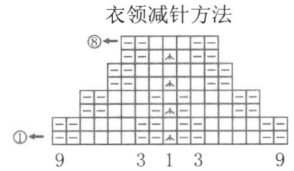

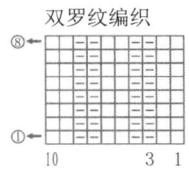

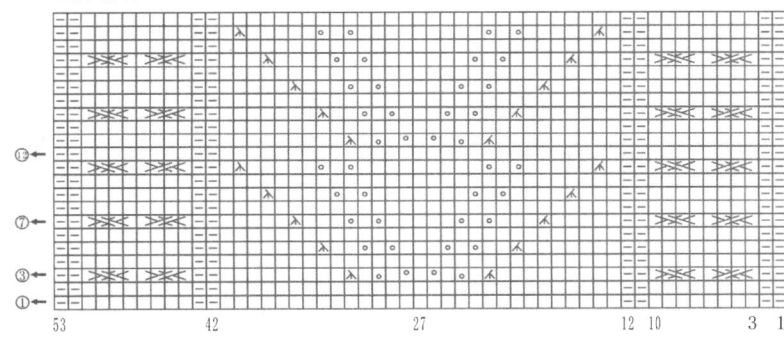

符号说明：

□		上针
□=□		下针
		中上3针并为1针
		左上3针并为1针
		右上3针并为1针
		下针镂空针
		2针下针右上交叉
		2针下针左上交叉

2-1-3　行-针-次

069

圆领短袖可爱装

【成品规格】衣长55cm，胸围92cm，袖至肩长27cm
【工　　具】7号棒针
【材　　料】粉红色棉线400g
【编织密度】26针×28行=10cm²

制作说明：
1. 整件衣服从衣领往下圈织至衣摆。起128针编织双罗纹针，编织2行后，开始编织花样A。每8针一个花样，共起16个花样，花样分布及加针方法详见前/后片图解，织至320针(48行)后，开始分袖窿。整件衣服分为前片、后片、左袖片、右袖片四部分：100针+60针+100针+60针。
2. 先编织后片。全下针编织，织4cm(10行)后，第11行起与前片连起来圈织，方法为：先织完后片的100针，加起20针，再织前片100针，再加起20针，再圈织回后片，不加减针往下织，共编织32cm后，改为编织双罗纹针，再编织6cm后，收针断线。
3. 袖片编织。重新起线编织上面留起来的袖片部分共60针，再挑织后片加起的10行，共挑6针，再挑织前后片加起的20针，圈织，一边织一边减针。减针时确定袖底中心缝，两边同时减针，减针方法是6-1-3，一个袖片共减去6针。编织7cm(20行)后，改织双罗纹针，编织10行后，收针断线。同样的方法编织另一个袖片。

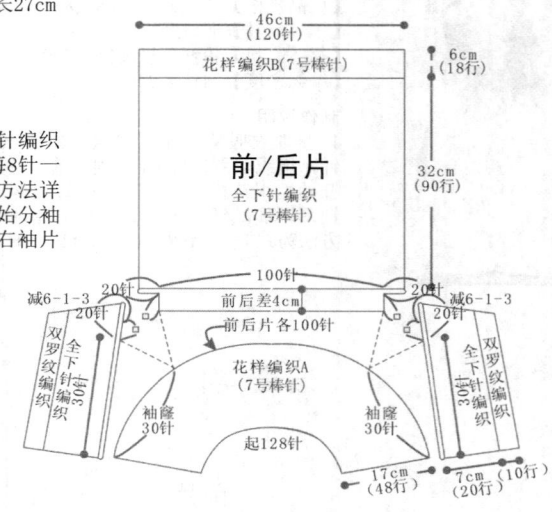

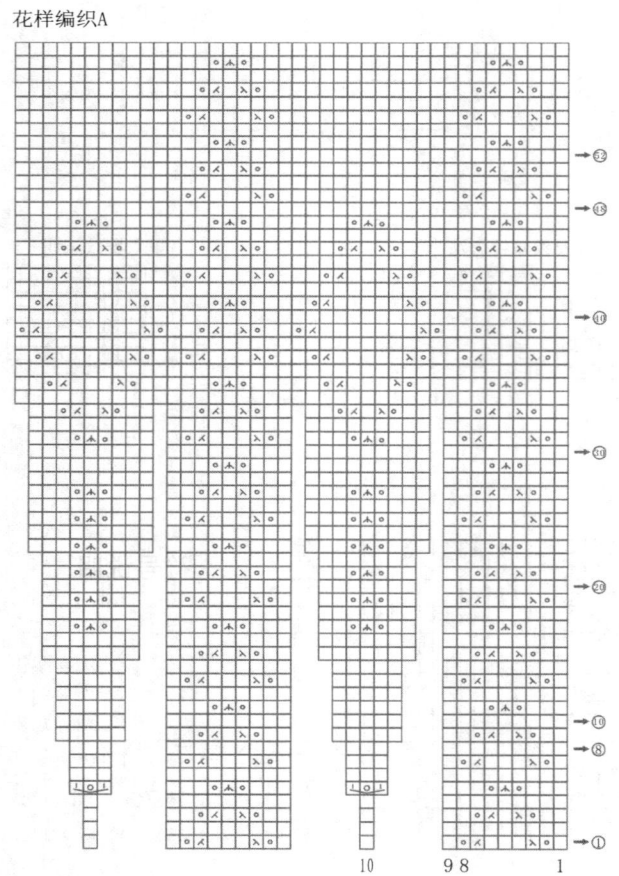

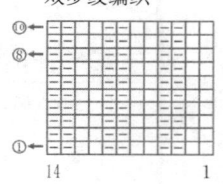

双罗纹编织

符号说明：

- □　上针
- □=□　下针
- ▲　中上3针并为1针
- ⊿　左上2针并为1针
- ⊿　右上2针并为1针
- ○　镂空针
- 在1针中加出3针（下挂下）
- 2-1-3　行-针-次

简洁迷人小背心

【成品规格】衣长56cm，胸围90cm，肩宽34cm
【工　　具】5号棒针，5mm钩针
【材　　料】蓝色羊绒线300g
【编织密度】32针×44行=10cm²

制作说明：
1. 编织后片，从下往上编织至肩部。起146针编织花样A，编织6行后，将起织的边缘挑织合并为双层衣边，继续编织花样A。共织82行后（4个花样），两边各留59针不织，收针，将中间片继续往上编织花样B，共织35cm(156行)后收针断线。再从中间片两侧挑织花样B，挑123针横向编织，织8cm(36行)后开始袖窿减针，方法为1-40-1，2-6-2，2-4-4，共收68针后不加减针继续织，共织13cm(59行)后收针断线。将侧片下边缘与衣摆缝合。
2. 编织前片，前片编织方法与后片相同。中间片编织28.5cm(129行)后收针断线。两侧片编织方法与后片相同。
3. 编织完成后，将前片与后片两侧缝分别缝合，再将两肩缝缝合。
4. 钩织衣领及袖边。花样详见花样编织B。

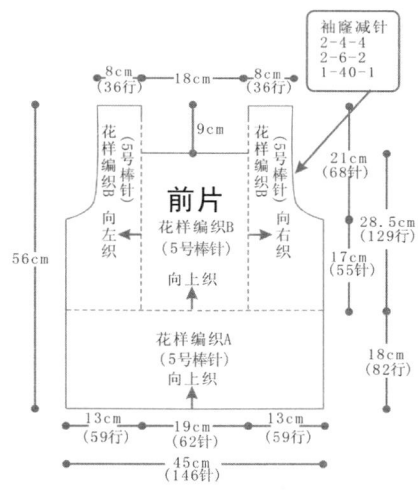

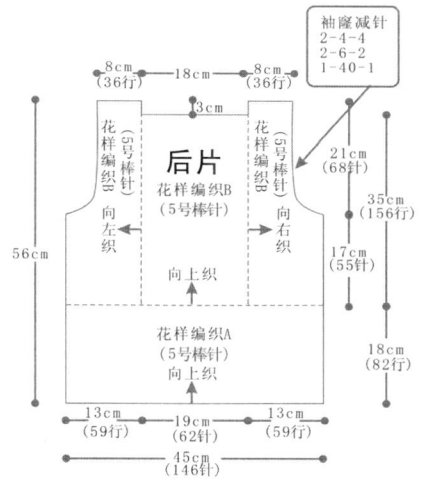

符号说明：
□　　上针
□=1　下针
○　　锁针
+　　短针
2-1-3　行-针-次

花样编织C

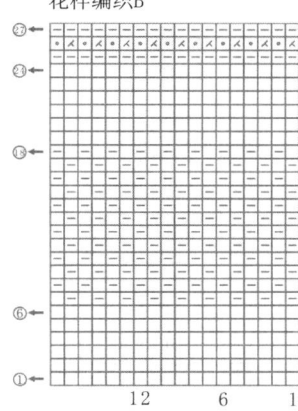

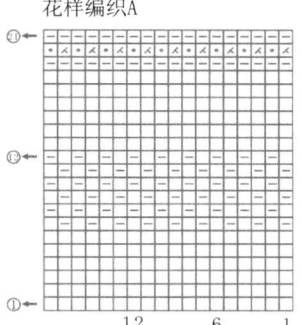

连帽式经典长装

【成品规格】衣长83cm，胸围90cm，袖长44cm
【工　具】8号棒针，钩针
【材　料】羊毛线800g
【编织密度】18针×20行=10cm²

符号说明：
| 下针
○ 加针
人 左上2针并为1针
× 短针
W 加1针
A 2针短针并1针
用线绕一圈固定

钩包扣

制作说明：
衣服由一种花样织成，身片及帽织好后另用针按图示操作花样A。
1. 后片：起80针织14行双罗纹，上织花样，织插肩袖。前片基本同后片，门襟同织，织全平针花样。
2. 袖：袖织7分袖，织花样，袖口双罗纹翻转过来，中心钉上扣子装饰。
3. 帽：各片织好后缝合，从领窝处挑针织帽，花样同衣片；帽织好后另挑针织帽边，织狗牙针7行，缝合。
4. 另用钩针钩扣子6颗，分别缝在门襟和袖口。

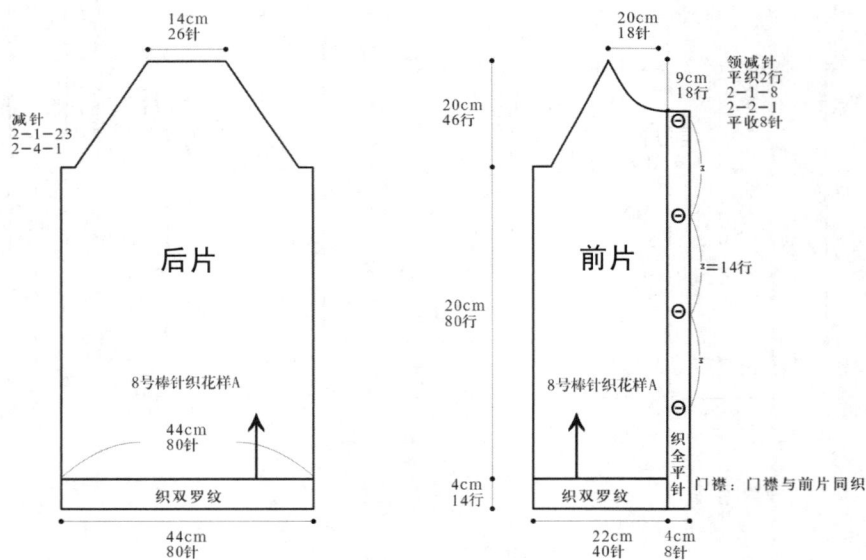

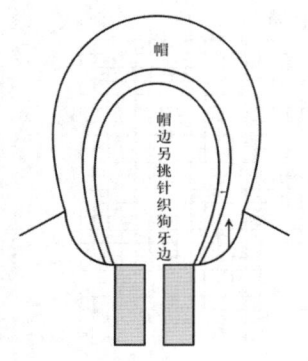

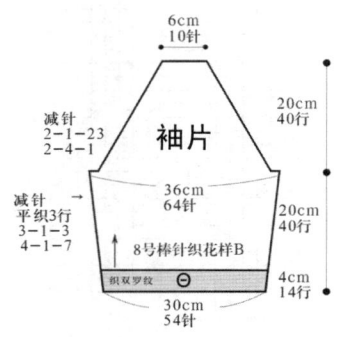

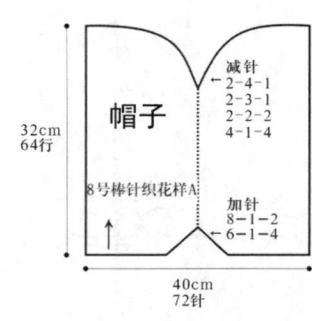

门襟花样

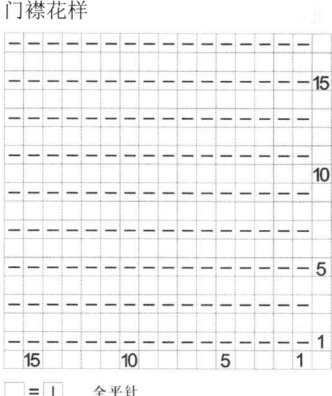

☐ = | 全平针

沿领窝挑针

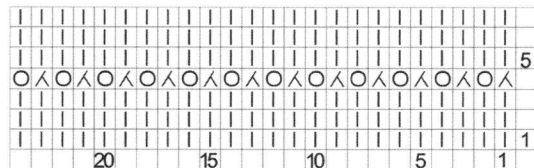

帽子狗牙边

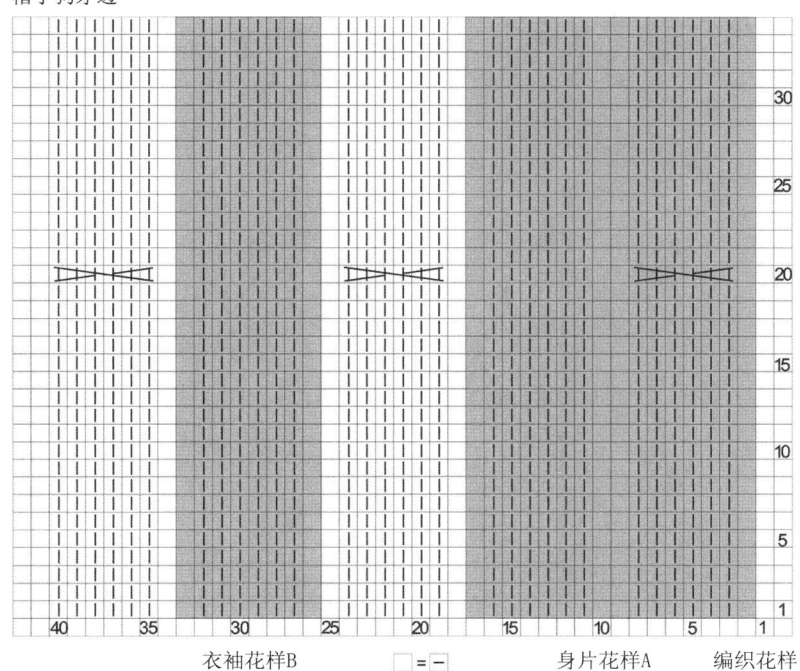

衣袖花样B　　☐=☐　　身片花样A　编织花样

073

艳丽俏皮开襟衫

【成品规格】衣长44cm，胸围90cm，袖长44cm
【工　　具】8号棒针
【材　　料】羊毛线500g
【编织密度】18针×20行=10cm²

制作说明：
衣服由一种花样织成，插肩袖的收针利用每朵花的结束来进行。
1. 身片：起160针织14行双罗纹，上织花样，两边各织6针单罗纹为门襟；织完4朵花后，开始分针，分成前后共三片，开始收插肩；上面织3朵花织插肩袖。
2. 袖：短袖，从下面起针织花样C，上面织花样A，袖收针同身片。
3. 领：各片织好后沿领窝挑针织花样B，织两个半花或想要的宽度平收。

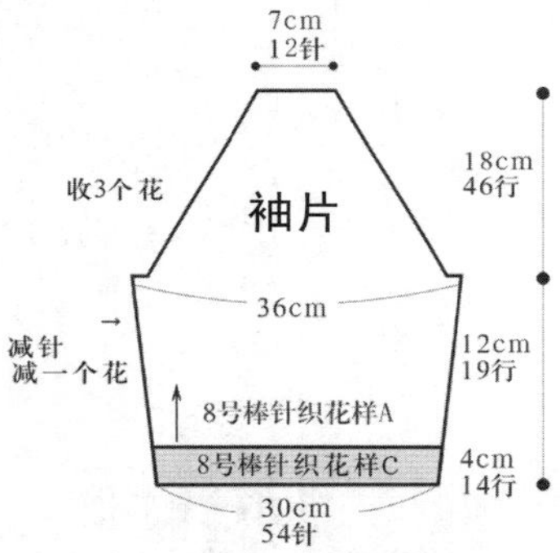

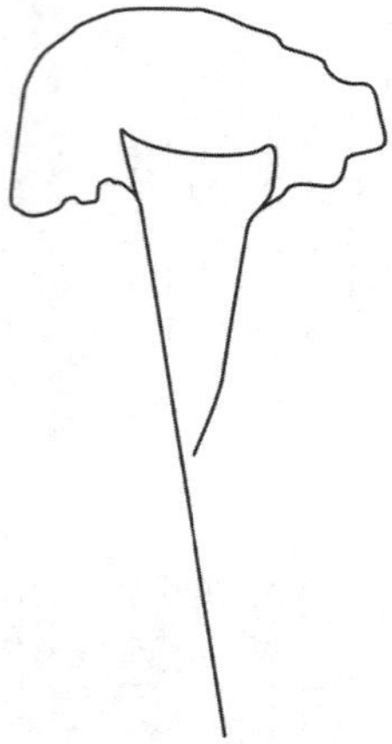

领：直接从领口上挑针，织花样B

符号说明：
▽ 1针放5针
Ａ 5针并为1针
Ａ 中上3针并为1针
▽ 1针放7针
○ 加针
人 左上2针并为1针

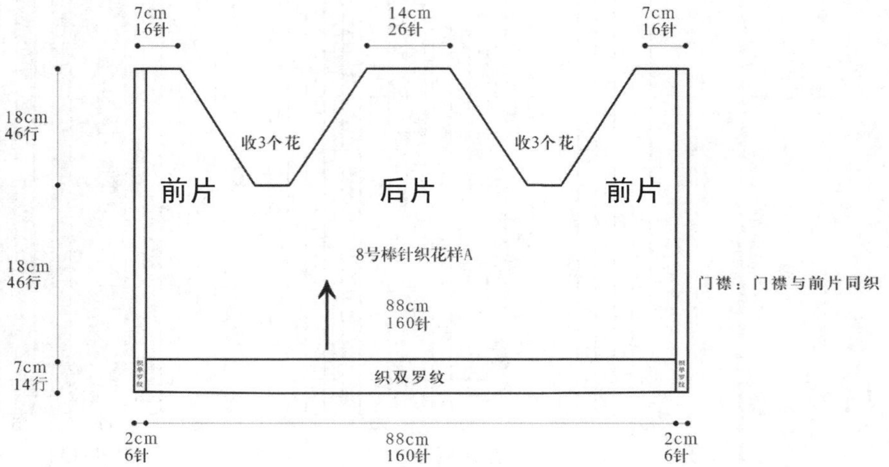

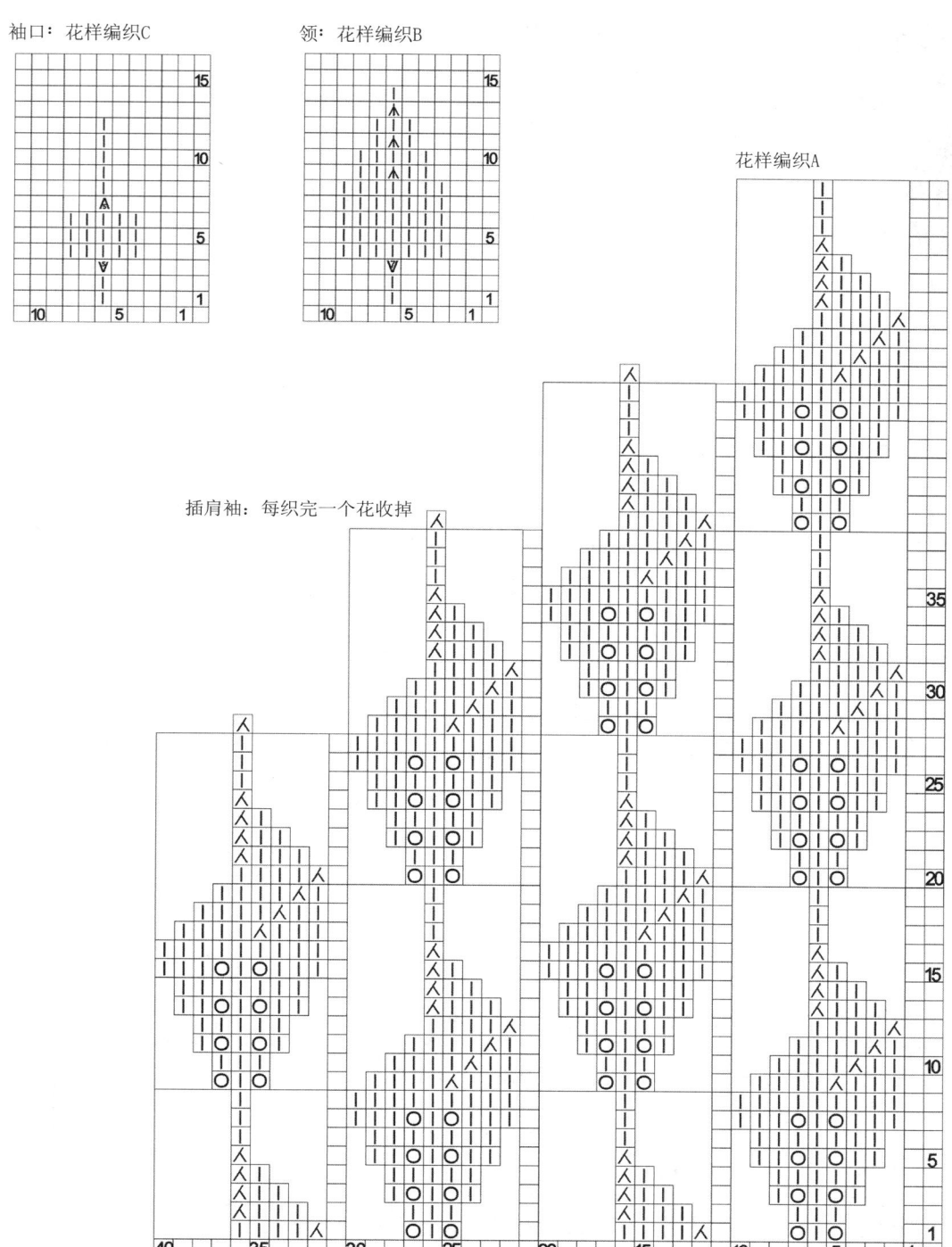

扭花纹荷叶领上衣

【成品规格】 衣长56cm，胸围84cm，袖长56cm
【工　　具】 10号棒针，3.5mm钩针
【材　　料】 灰色中粗毛线550g
【编织密度】 18针×26行=10cm²

制作说明：
钩棒结合衣，先织衣服，后钩领及边。
1. 后片：起112针直接织花样A，每个花样14针，每24行交叉，直到完成。
2. 前片：前片织法同后片，织到高度时开领窝。
3. 袖：袖织组合花样，只是在袖中心织花样A，两侧织花样B。
4. 领：沿领窝钩3行短针后，钩网针15行；衣边钩一行短针后直接钩网针。

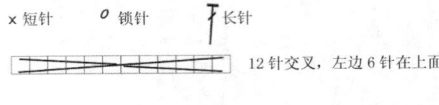

符号说明：
× 短针　o 锁针　T 长针
12针交叉，左边6针在上面

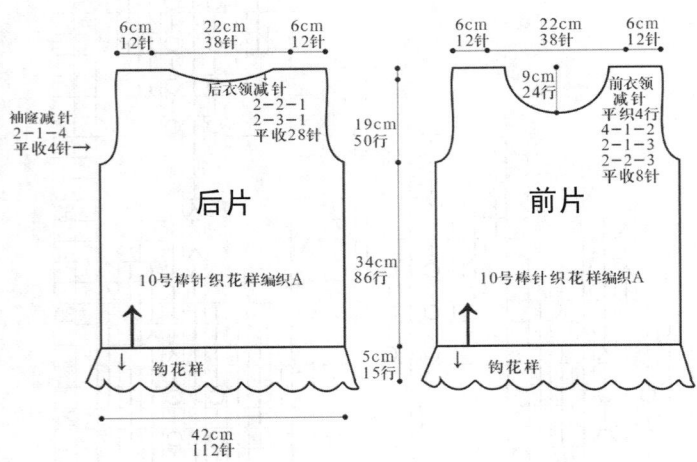

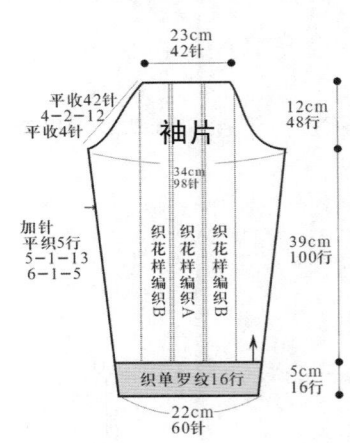

领、边缘花样

领、边缘
沿领窝钩3行短针，均匀加针，钩花样15行

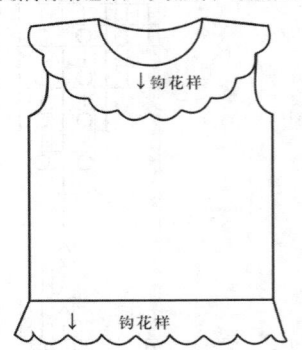

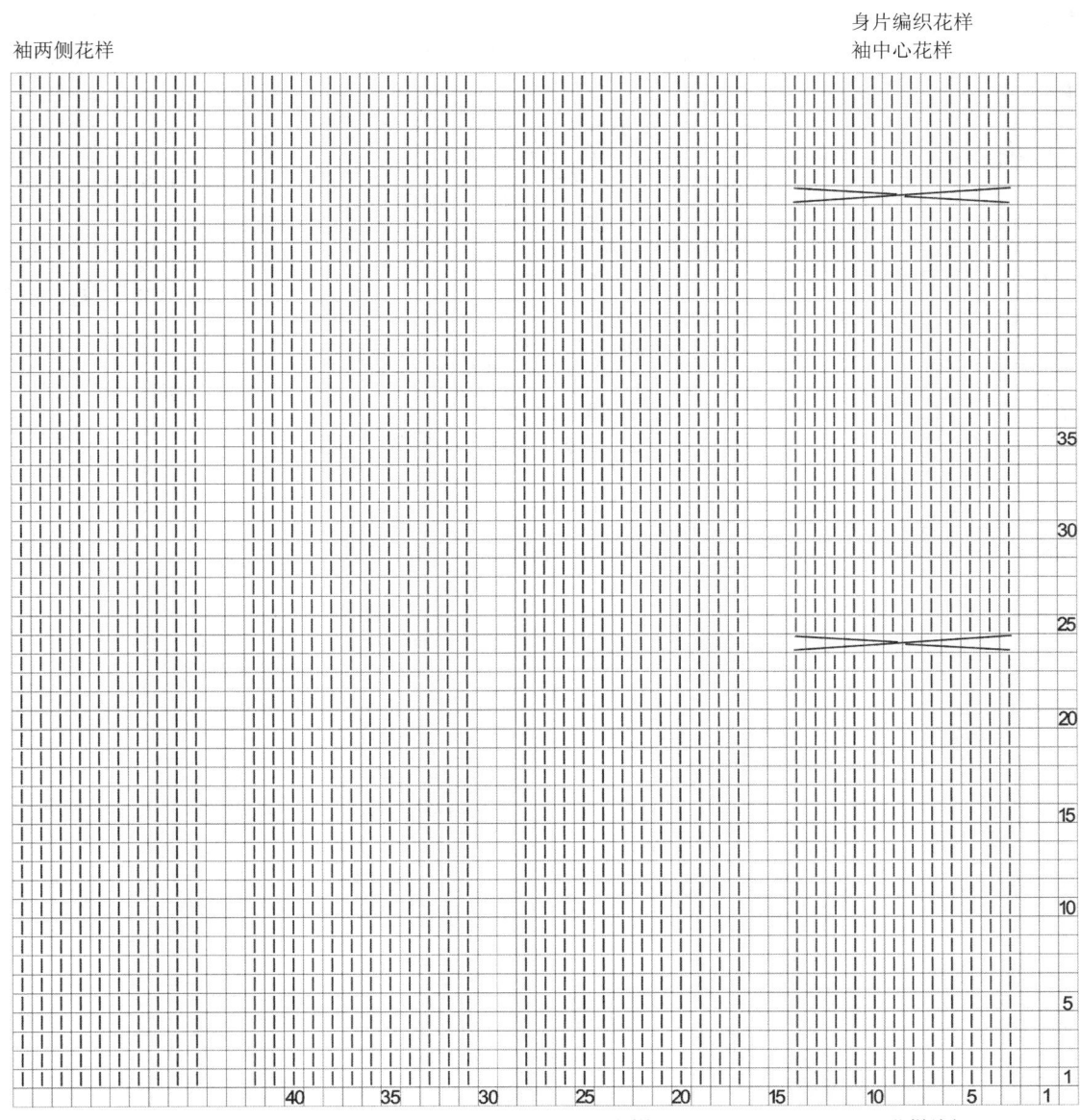

大开领舒适长外套

【成品规格】衣长71cm，胸围103cm，袖长53cm，肩宽36cm
【工　　具】7号棒针
【材　　料】浅灰色羊毛线1000g，白色大扣子14颗
【编织密度】21针×25.5行=10cm²

制作说明：

1. 后片为一片编织，从衣摆起织，往上编织至肩部。
2. 大衣先编织后片。起96针编织下针，衣摆有个内藏衣摆，编织方法是起96针，编织6行下针，再织1行上针，即第7行是上针；然后，从第8行起，同样编织6行，从起针处挑针并合编织，将衣摆变成双层衣摆。从第8行起，全部编织下针，共编织37cm后，即94行，从第95行开始编织棒绞花样，每6针下针为一棒绞，再加2针上针间隔，花样的分布详解见后片花样。织11cm高后，开始袖隆减针，方法顺序为1-4-1，2-3-1，2-2-1，2-1-1，后片的袖隆减少针数为10针。减针后，不加减针往上编织至20.6cm的高度后，从后片的中间留28针不织，可以收针，亦可以留作编织衣领连接，两侧余下的针数，衣领侧减针，方法为2-2-1，2-1-1，最后两侧的针数余下21针，收针断线。
3. 前片分为两片编织，左片和右片各一片，花样对应方向相反。
4. 起织与后片相同。前片起60针后，先编织6行下针和1行上针，再编织6行下针后，与起针处同样合并编织，将衣摆变成双层。然后继续往上编织衣身，花样与后片相同，前37cm全为下针，共94行，从95行开始编织棒绞花样，衣襟边的花样有所不同，详解见前片花样。同样编织11cm，28行棒绞花样后，开始袖隆减针，减针方法顺序为1-4-1，2-3-1，2-2-1，2-1-3，将针数减少12针。织至18cm高度时，开始前衣领减针，减针方法顺序为1-17-1，3-1-1，2-2-1，2-1-3，最后余下21针，织至71cm，共195行。详细编织见前片花样。
5. 同样的方法再编织另一前片，完成后，将两前片的侧缝与后片的侧缝对应缝合，再将两肩部对应缝合。最后在一侧前片钉上扣子，不钉扣子的一侧，要制作相应数目的扣眼。扣眼的编织方法为，在当行收起数针，在下一行重起这些针数，这些针两侧正常编织。
6. 两片袖片，分别单独编织。
7. 从袖口起织，起62针，编织袖片花样，不加不减针织12行后，两侧同时加针，加针方法为6-1-12，加至79行，然后不加不减针织至90行。详解见袖片花样。
8. 袖山的编织：从第一行起要减针编织，两侧同时减针，减针方法如图依次为1-4-1，2-2-8，1-2-7，最后余下16针，直接收针后断线。
9. 同样的方法再编织另一袖片。
10. 将两袖片的袖山与衣身的袖隆线边对应缝合，再缝合袖片的侧缝。
11. 衣领是在前后片缝合好后的前提下起编的。
12. 沿着衣领边挑针起织，挑出的针数，要比衣领沿边的针数稍多些，然后按照衣领花样分布，起织，共编织31行后，收针断线。

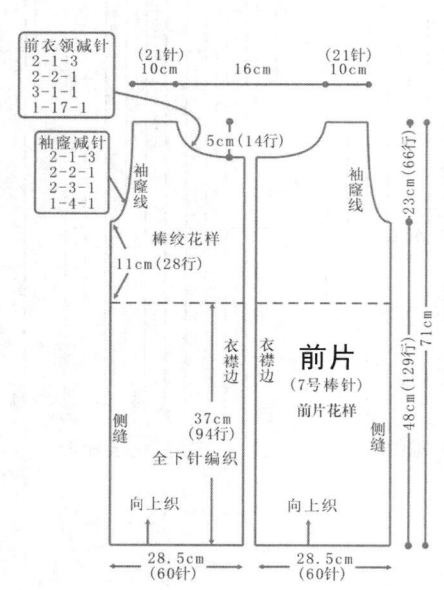

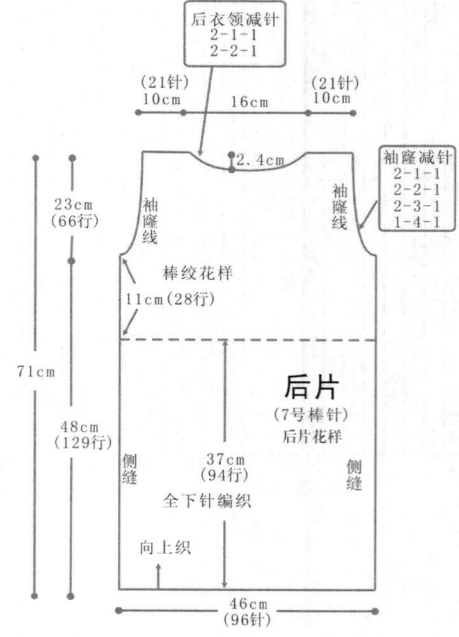

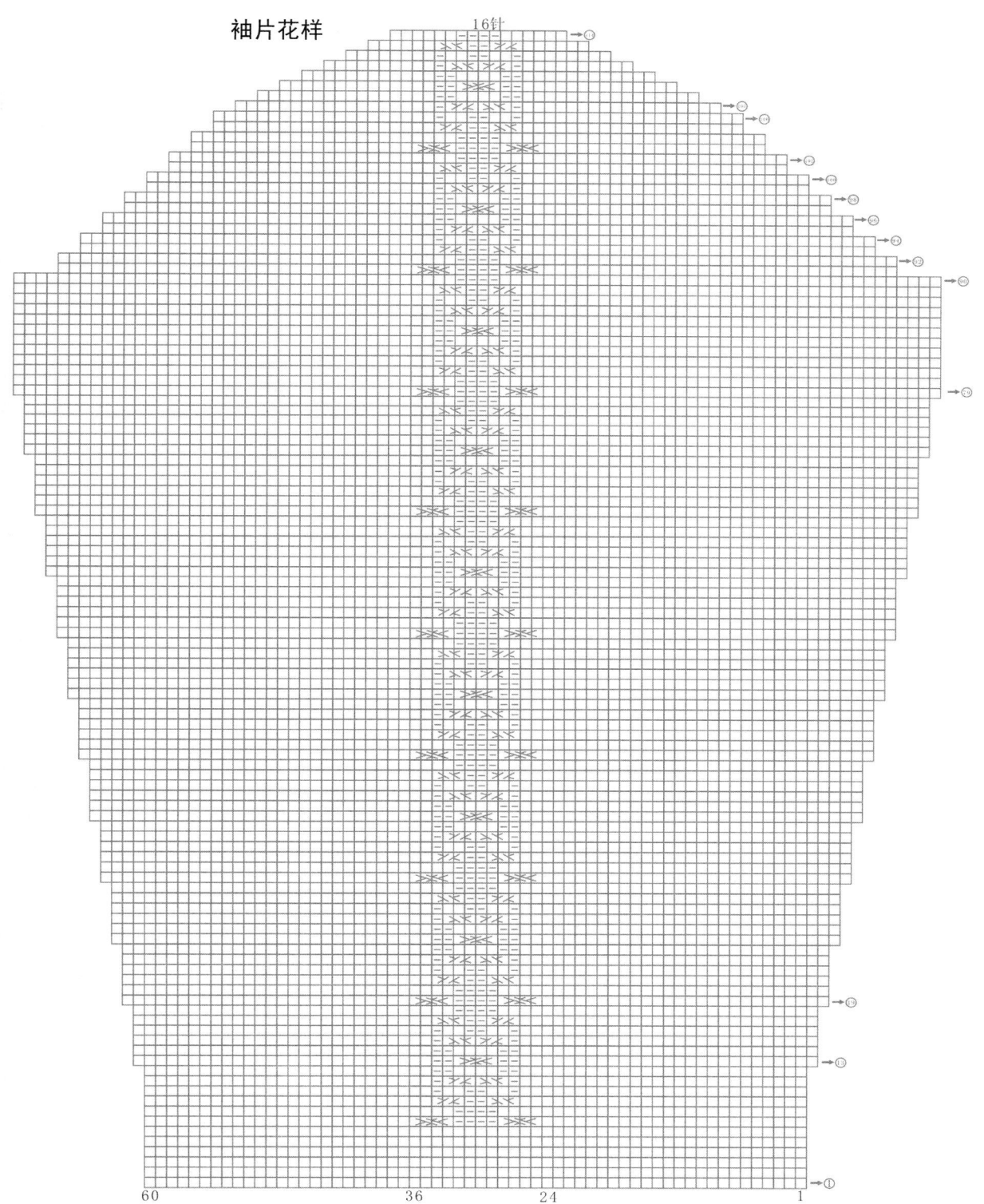

前片花样

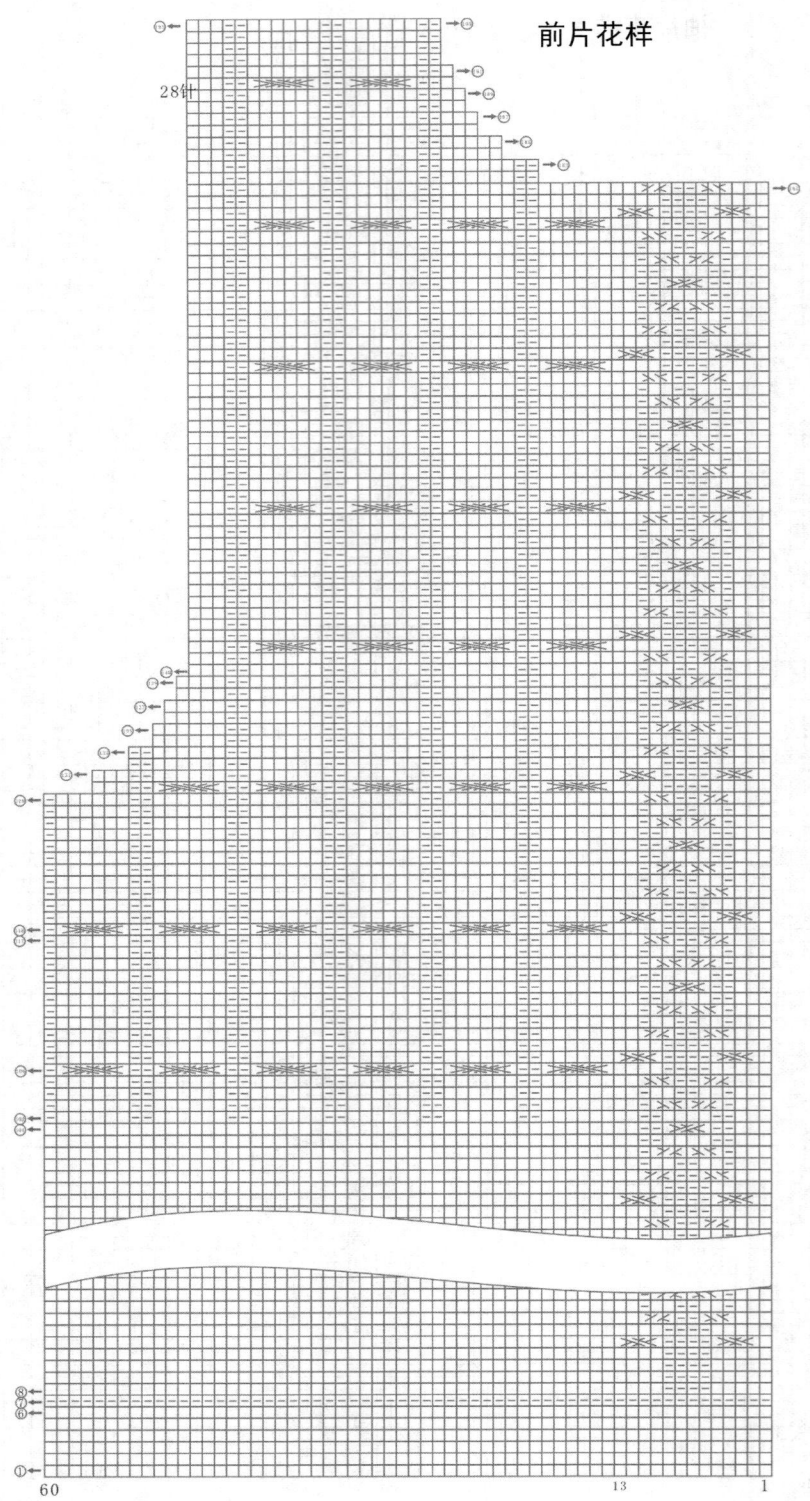

符号说明：
- □ 上针
- □=□ 下针
- 右上2针与左下1针交叉
- 2针下针右上交叉
- 3针下针右上交叉

2-1-3 行-针-次

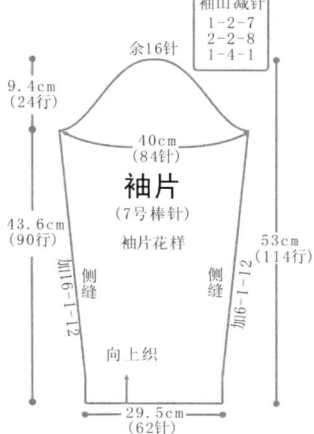

衣领花样

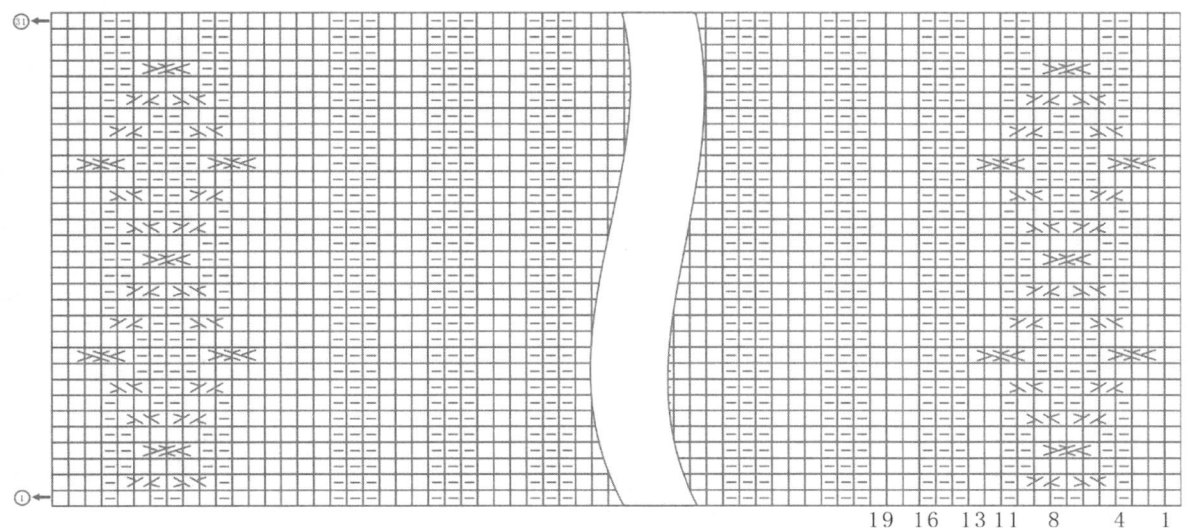

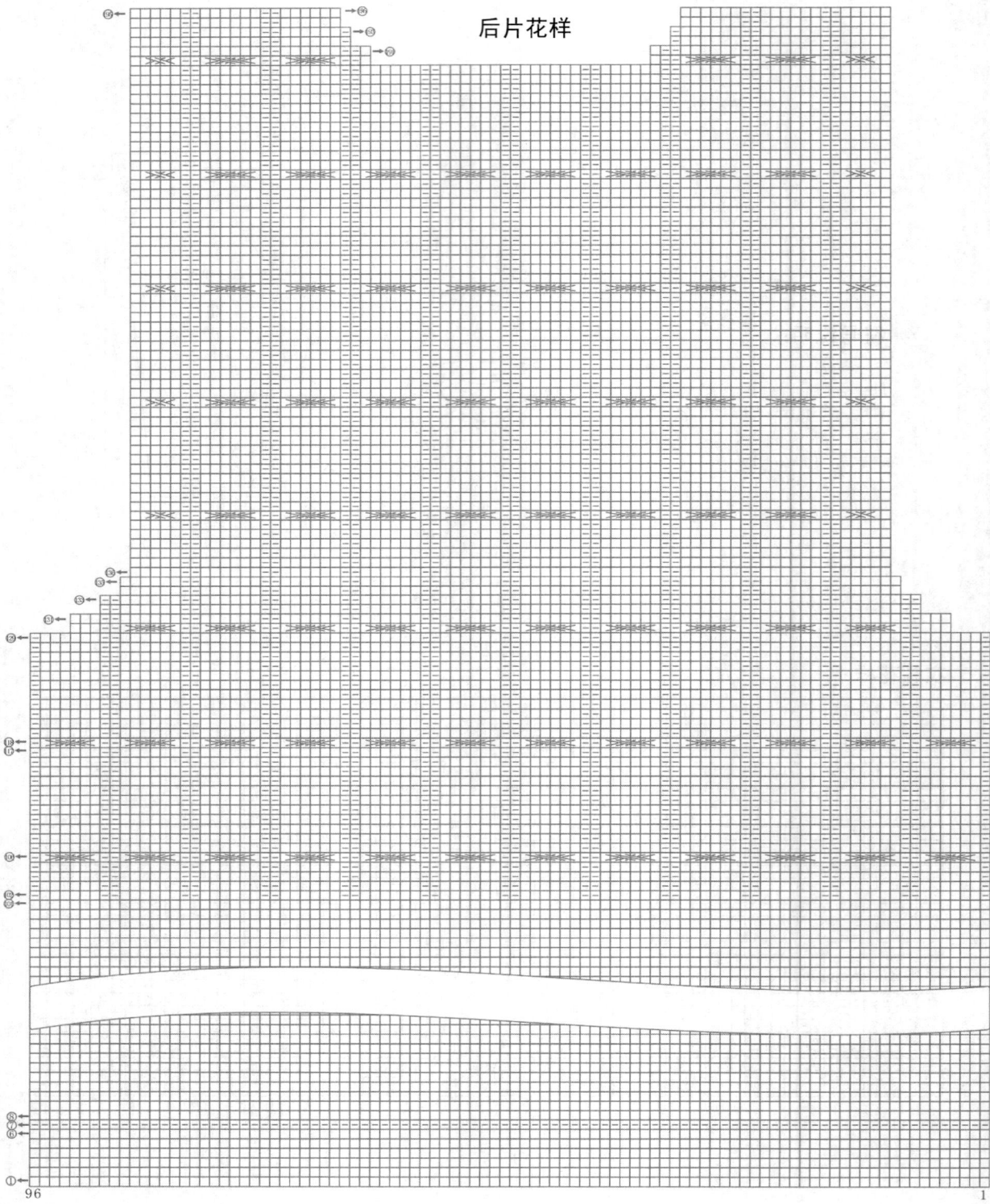

新潮长款斑马裙

【成品规格】衣长90cm，胸围46cm
【工　　具】5号棒针
【材　　料】花羊毛线700g
【编织密度】31针×40行=10cm²

制作说明：
1. 后片为两片分别编织，编织尺寸和方法相同。从衣摆起织，往上编织至肩部。
2. 先编织后片。起144针编织双罗纹针，织45cm后，开始袖窿及衣领减针。减针方法如结构图示，两边袖窿各减20针，衣领两侧各减46针，最后两边各留6针，不加减针往上织，共织90cm后，收针断线。
3. 同样的方法编织一片前片。编织完成后，将前后片两侧缝对应缝合，再将肩缝缝合。
4. 衣领分前后两片横向编织，编织方法和尺寸一样。起93针花样编织A，编织90cm长度，收针断线。完成后将两侧分别与前后片缝合。再将两侧缝合。
5. 口袋制作。编织两片宽约12cm、长约15cm的四方形片，织双罗纹针，完成后，缝合于前片适当相位置。

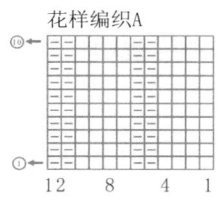

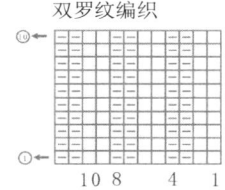

符号说明：
□　　上针
□=□　下针
2-1-3　行-针-次

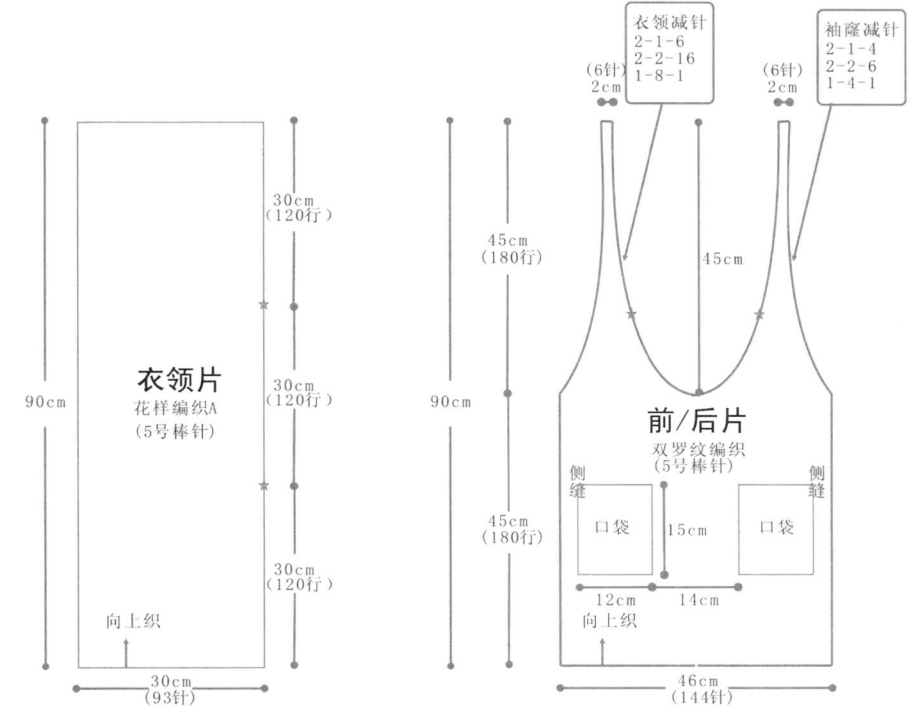

时尚超大领斑马裙

【成品规格】衣长90cm，胸围46cm
【工　　具】5号棒针
【材　　料】花羊毛线700g
【编织密度】31针×40行=10cm²

制作说明：
1. 前后片为两片分别编织，编织尺寸和方法相同。从衣摆起织，往上编织至肩部。
2. 先编织后片。起144针编织双罗纹针，织45cm后，开始袖窿及衣领减针。减针方法如结构图所示，两边袖窿各减20针，衣领两侧各减46针，最后两边各留6针，不加减针往上织，共织90cm后，收针断线。
3. 同样的方法编织一片前片。编织完成后，将前后片两侧缝对应缝合，再将肩缝缝合。
4. 衣领分前后两片横向编织，编织方法和尺寸一样。起93针花样编织A，编织90cm长度，收针断线。完成后将两侧分别与前后片缝合。再将两侧缝合。
5. 口袋制作。编织两片宽约12cm、长约15cm的四方形片，织双罗纹针，完成后，缝合于前片适当位置。

花样编织A 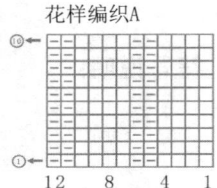 12 8 4 1

双罗纹编织 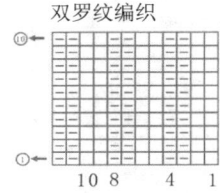 10 8 4 1

符号说明：
□　　上针
□=□　下针
2-1-3 行-针-次

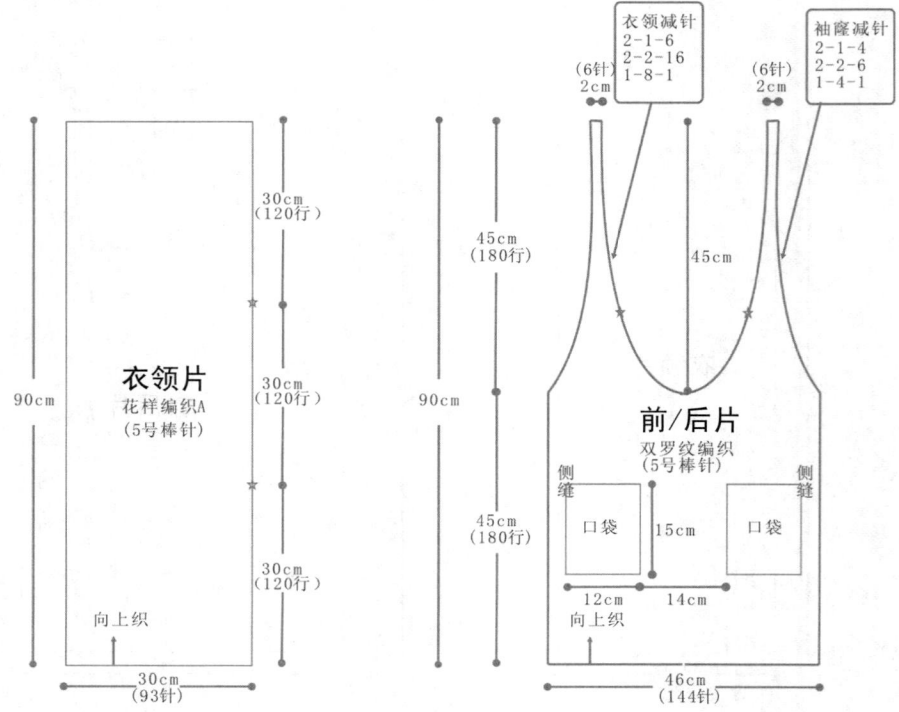

个性短袖高腰针织衫

【成品规格】衣长52cm，胸围86cm
【工　　具】5号棒针
【材　　料】花羊毛线700g
【编织密度】31针×40行=10cm²

制作说明：
1. 前后片为两片分别编织，从衣摆起织，往上编织至肩部。
2. 先编织后片。起142针花样编织A，织20cm后，开始袖窿减针。减针方法如右片图示，两边袖窿各减15针，再织30cm开始后领减针，中间留44针不织，两侧各减6针，减针方法如图示，共织52cm后，收针断线。
3. 同样的方法编织一片前片。前身编织至47cm时，开始前领减针，中间留28针不织，两侧减针方法如图示，编织52cm后，收针断线。将前后片两侧缝对应缝合，再将两肩缝缝合。
4. 编织袖片。起160针花样编织A，不加减针编织4cm后，开始袖山减针，减针方法如图示，最后留20针，收针断线。同样方法编织另一个袖片。将袖片与衣身对应缝合。再将袖底侧缝缝合。
5. 挑织衣领，圈织，挑出来的针数要比衣服本身稍多些，不加减针往上织20cm，收针断线。
6. 腰带制作。编织4片宽约4cm、长约5cm的四方形片，织单罗纹针，缝合于前后片如图位置；再编织一条宽约4cm、长约92cm的腰带，穿入四个腰带扣后，与起针缝合。

符号说明：
□ 上针
□=① 下针
2-1-3 行-针-次

花样编织A
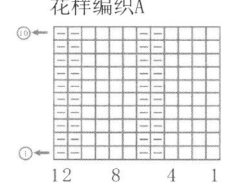

单罗纹编织
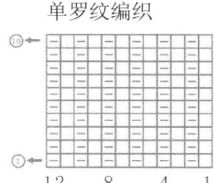

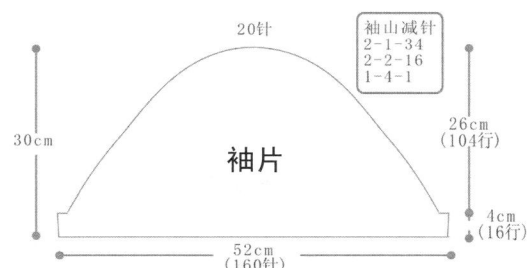

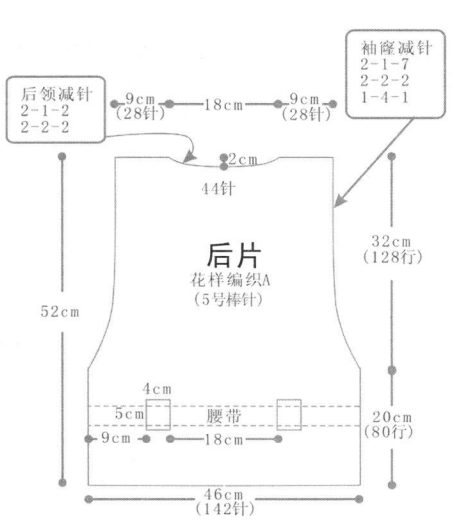

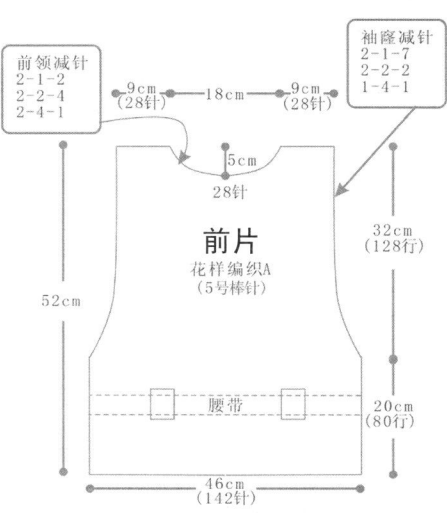

长款圆领针织衫

【成品规格】胸围88cm，衣长73cm，腰围84cm

【工　　具】2号棒针4根，3号棒针4根，缝衣针、2mm钩针1副(缝合用)

【材　　料】烟灰色粗绒线850g

【编织密度】花样针部分——17针×30行=10cm²

双罗纹针部分——18针×30行=10cm²

制作说明：

1. 后片：用2号棒针双罗纹起针76针编织12行后，换3号棒针织右图所示花样。并如图所示加减针，完成袖窝和领窝的编织，完成后片的编织，备用。注意麻花针的排列。将各片如右下图所示缝合，并在领口作钩针的短退针装饰。

2. 前片：用2号棒针双罗纹起针76针编织12行后，换3号棒针织右图所示花样。并如图所示加减针，完成袖窝和领窝的编织。完成前片的编织，备用。注意麻花针的排列。

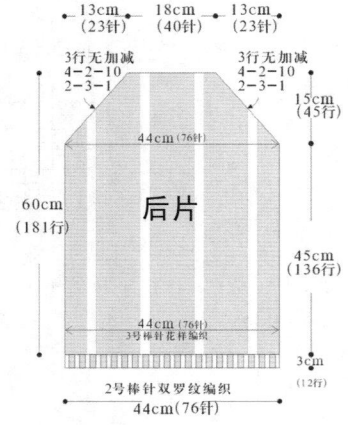

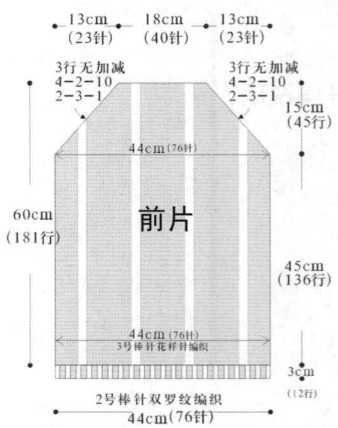

缝合示意图：

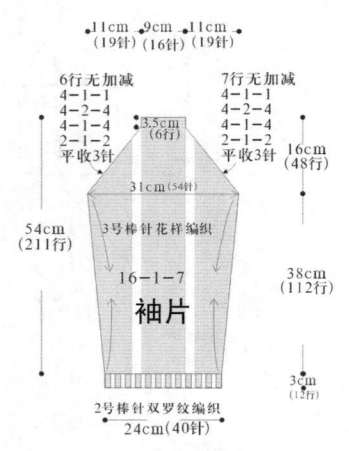

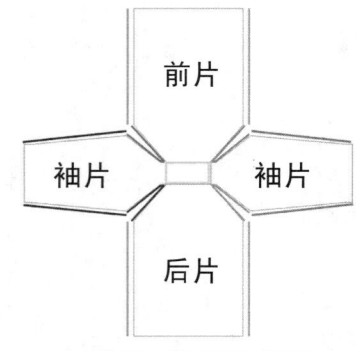

如图所示，将对应相同颜色的位置缝合起来，然后钩针短退针处理领口，使领口更圆润整齐。

袖子的编织和加减针：

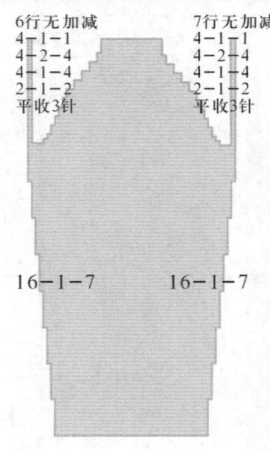

符号说明：

▱ 上针

□ 下针

▦ 右上4针与左下4针的下针交叉针

花样编织：
（前、后片的花样和减针以及袖子的编织和加减针）

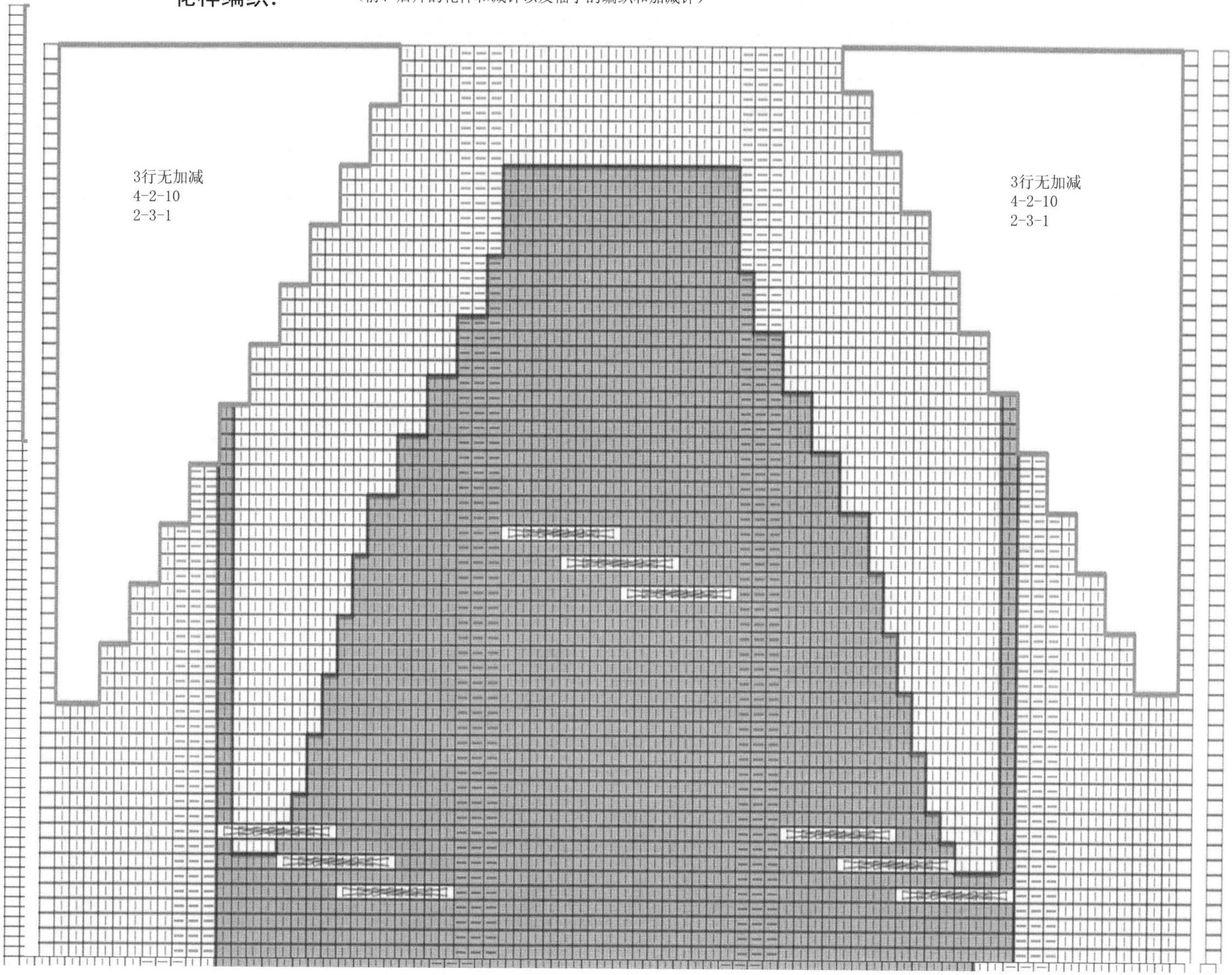

3行无加减
4-2-10
2-3-1

3行无加减
4-2-10
2-3-1

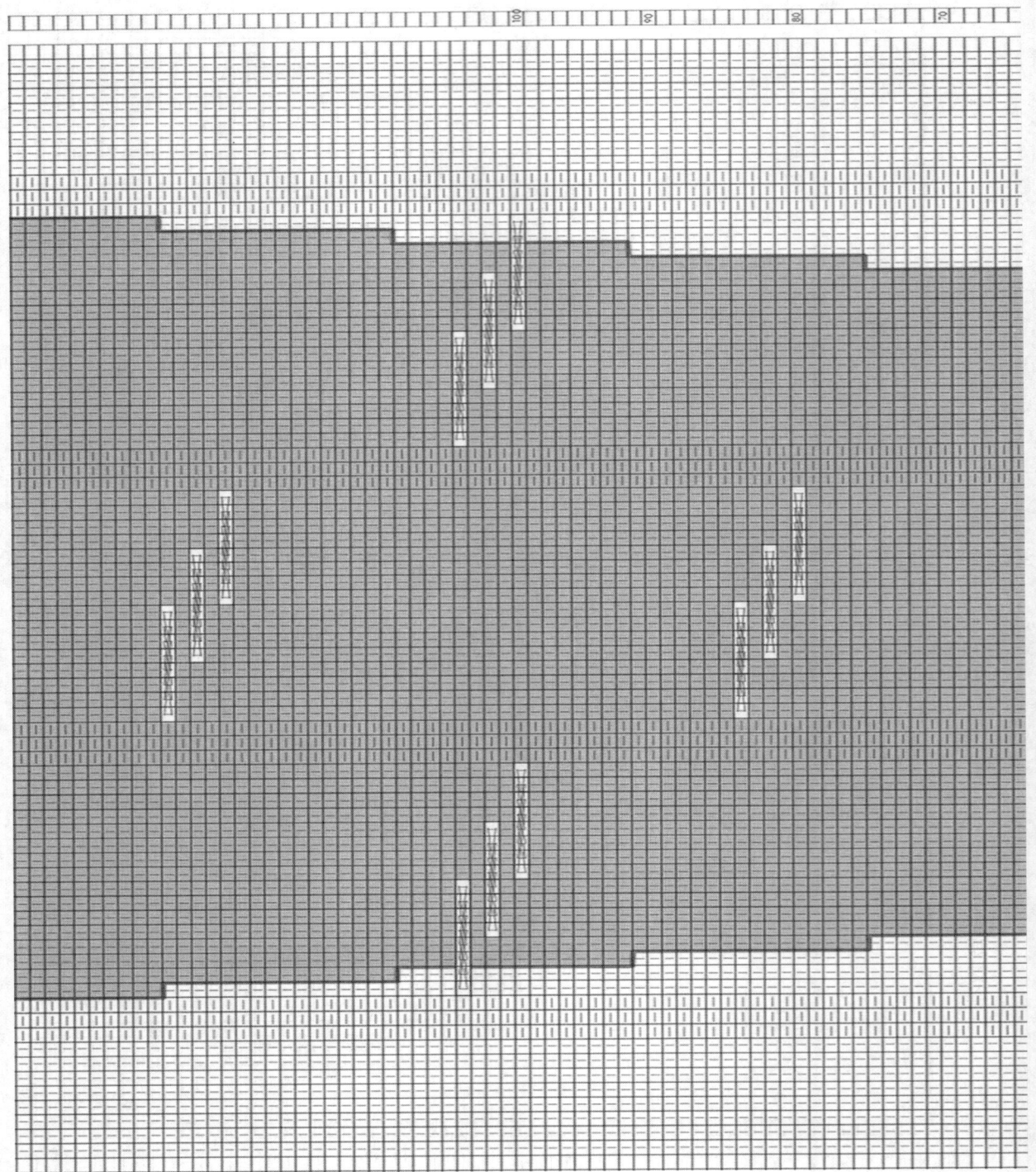

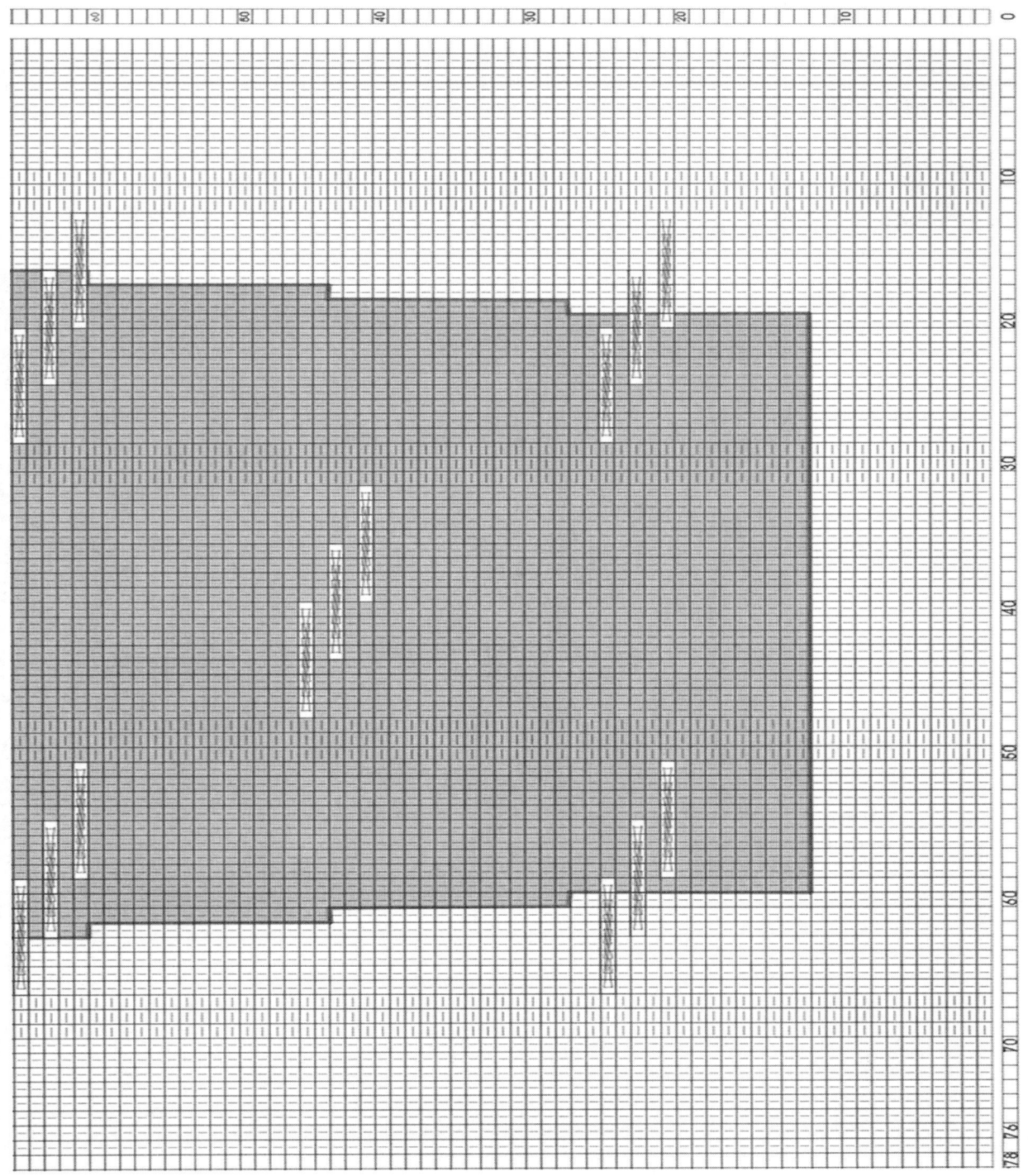

高领高腰短袖衫

【成品规格】胸围88cm，衣长53cm，腰围84cm
【工　　具】2号棒针4根，3号棒针4根，缝衣针、2mm钩针1副(缝合用)
【材　　料】烟灰色粗绒线650g
【编织密度】花样针部分——17针×30行=10cm²
　　　　　　双罗纹针部分——18针×30行=10cm²

制作说明：
1. 后片：用2号棒针双罗纹起针166针编织70行后，换3号棒针每4针减1针成125针，织下图所示花样。并如图所示加减针完成袖窝和领窝的编织，完成前片，备用。
2. 前片：用2号棒针双罗纹起针166针编织70行后，换3号棒针每4针减1针成125针，织下图所示花样。并如图所示加减针完成袖窝和领窝的编织，完成前片，备用。
3. 衣领：用3号棒针挑织领子如图所示，前领挑织218针，后领窝挑织122针。双罗纹编织158行后，完成领子的编织，收针。

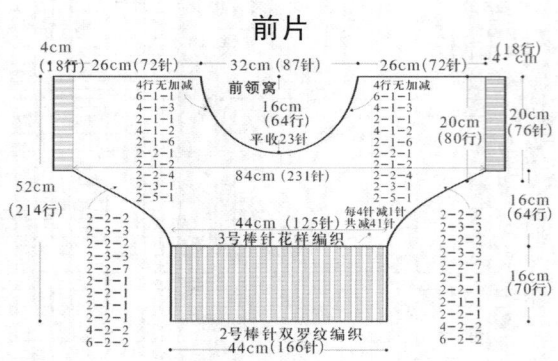

前片

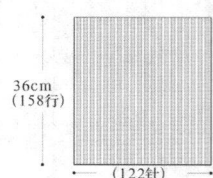

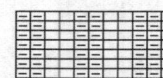

双罗纹编织

符号说明：
- 上针
- 下针
- 右上4针与左下4针的下针交叉针
- 3针下针右上交叉
- 3针下针左上交叉

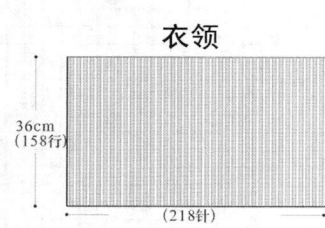

衣领

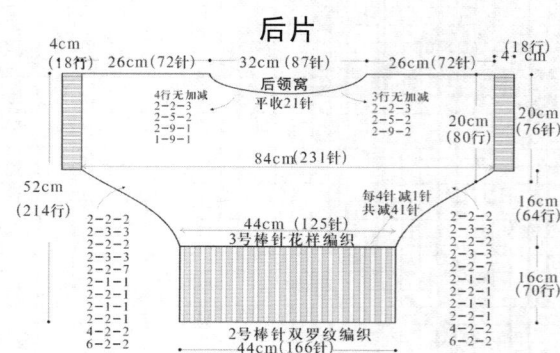

后片

花样编织：（前、后片的花样和减针以及袖子的编织和加减针）　　袖子的编织和加减针：

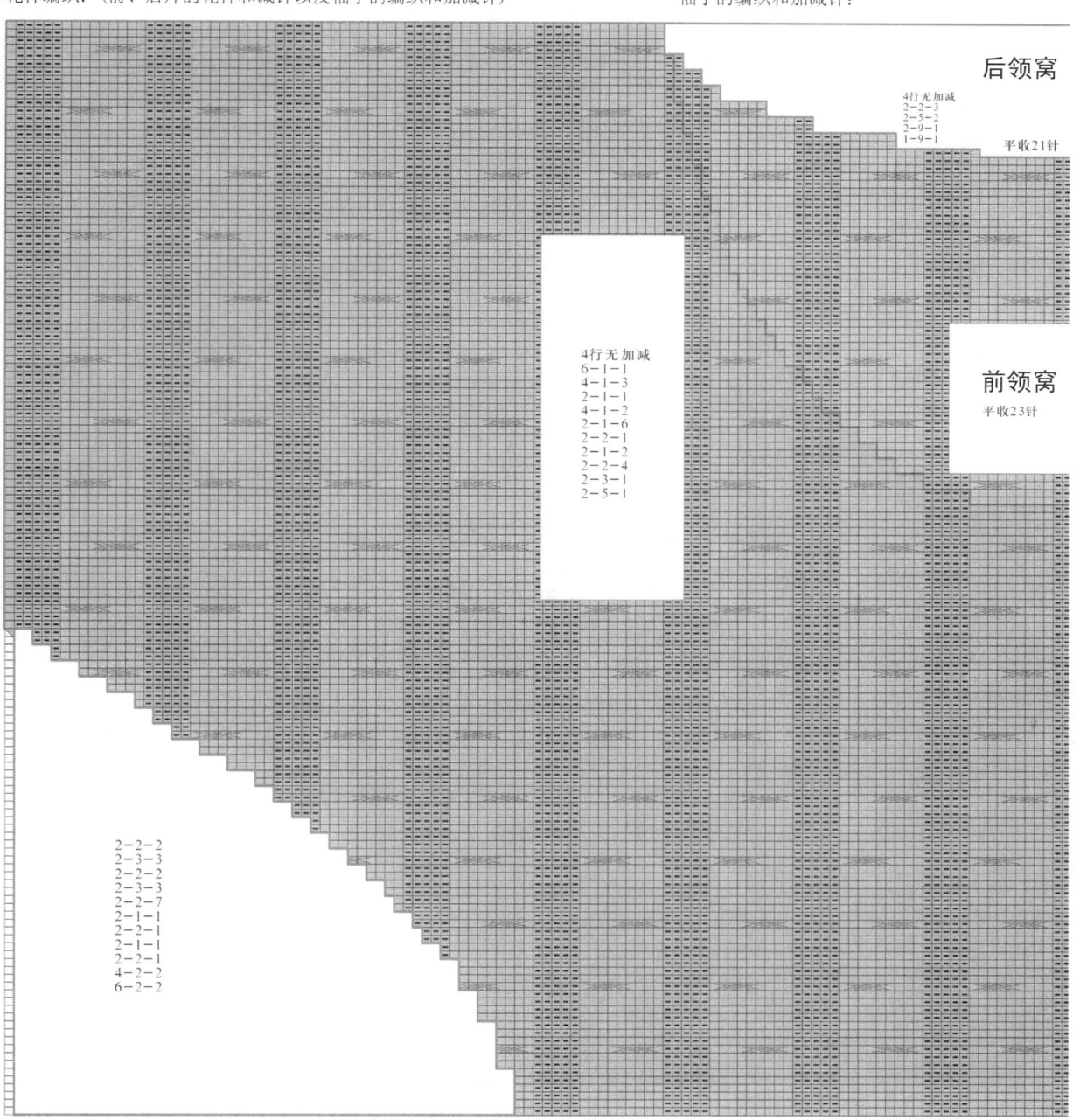

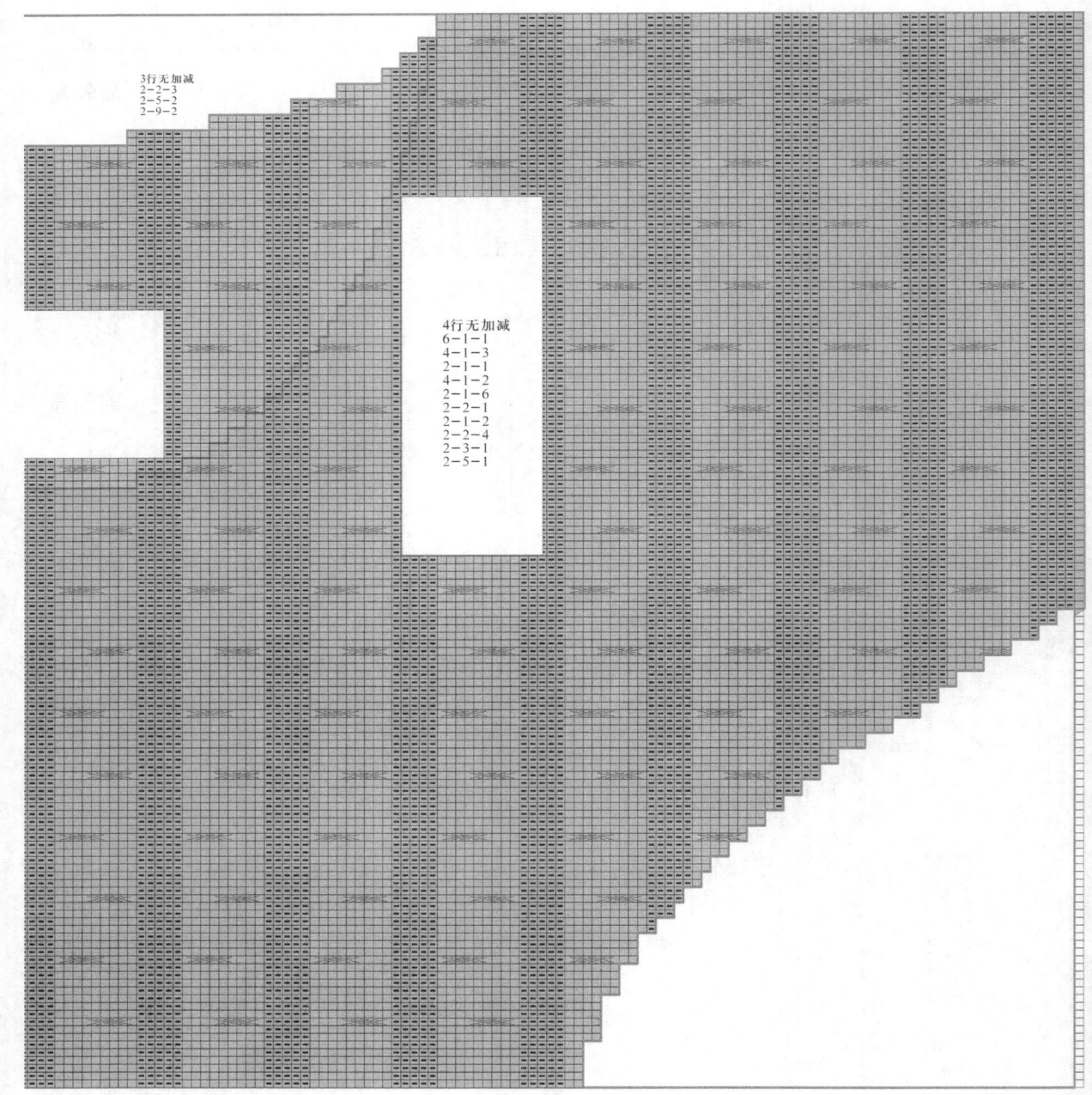

3号棒针花样编织（125针）

运动型连帽无袖装

【成品规格】胸围88cm,衣长60cm,腰围84cm
【工　　具】6号棒针4根,缝衣针、2mm钩针1副(缝合用)
【材　　料】烟灰色粗绒线750g
【编织密度】花样针部分——14针×18行=10cm²

制作说明:
1. 后片:用6号棒针起62针。后片的中部编织花样同前片中不同,见右图花样编织A所示。完成后片编织,备用。
2. 前片:用6号棒针起62针,如下图所示编织并加减针,注意腰部和领窝以及袖窝的加减针。完成前片编织,备用。
3. 帽片:如下图在前后片领窝部位挑织领片,花样如花样编织B所示,将对应的部分缝合即成。
4. 腰带:完成缝合并整理后,单罗纹起针17针,编织150cm,并在图中位置钉上腰带片襻。

花样编织A
(后片同帽子中部花样)

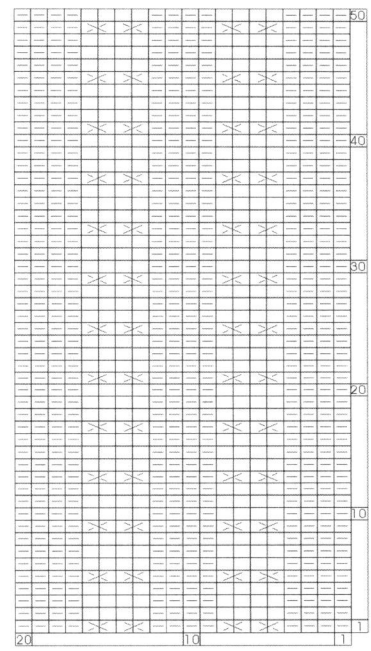

如上图所示,8针同8行1个花样

符号说明:
□ 上针
□ 下针

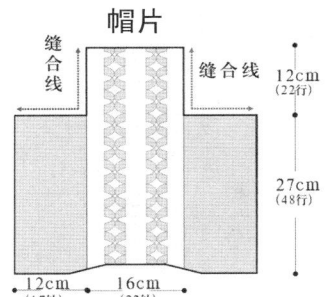

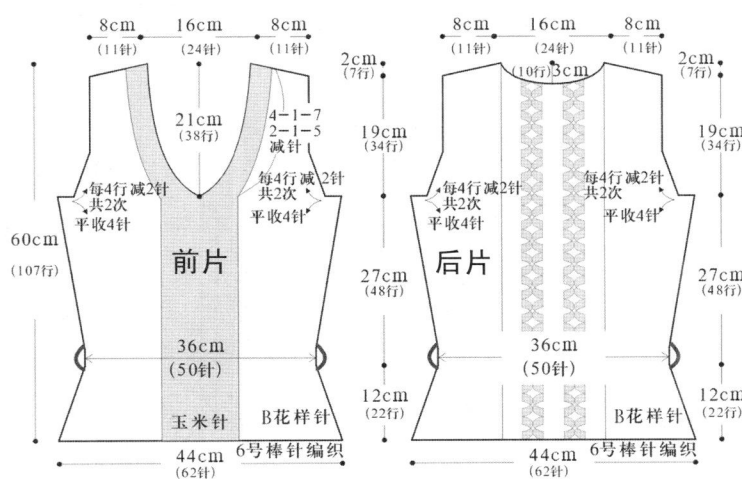

093

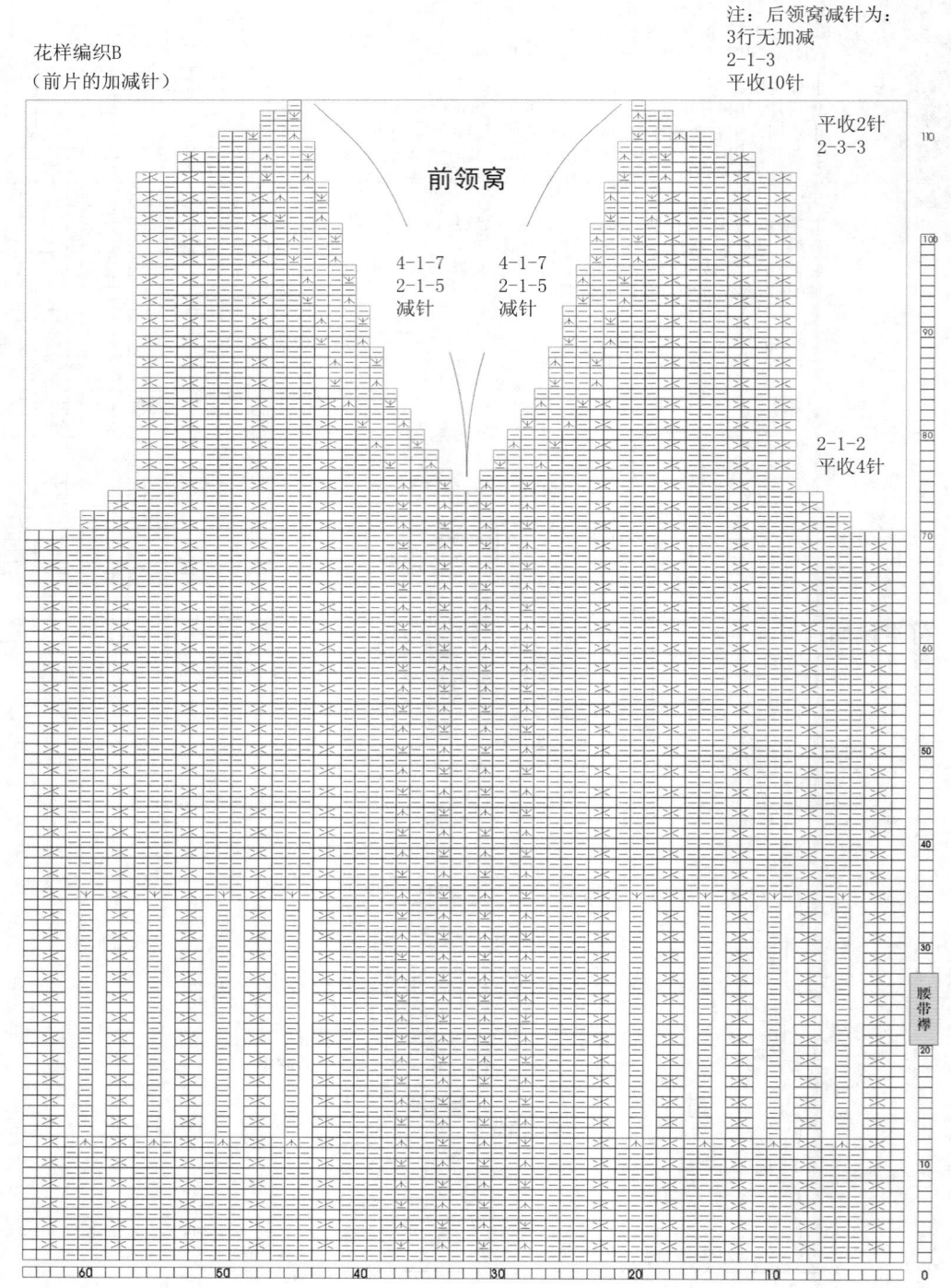

大圆领温婉长裙

【成品规格】胸围88cm，衣长112cm，腰围84cm
【工　　具】8号棒针4根，2mm钩针
【材　　料】浅褐色粗绒线1850g
【编织密度】花样针部分——16针×18行=10cm²
　　　　　　罗纹针部分——18针×33行=10cm²

制作说明：
1.后片：用8号棒针起91针编织单罗纹针边54行，编织花样同前片，肩上部分的加减针有不同，具体见图中标注。如下图，编织好后将前后片如图缝合。在缝好后的领窝和袖窝挑织单罗纹边，高度为5cm。前领窝做出4个褶，如左下图所示。
2.前片：用8号棒针起91针编织单罗纹针边54行，然后编织花样如右下图。袖窝和领窝加减针如左下图所示。花样针的变化针数和行数见图中标注。

前片中花样编织：

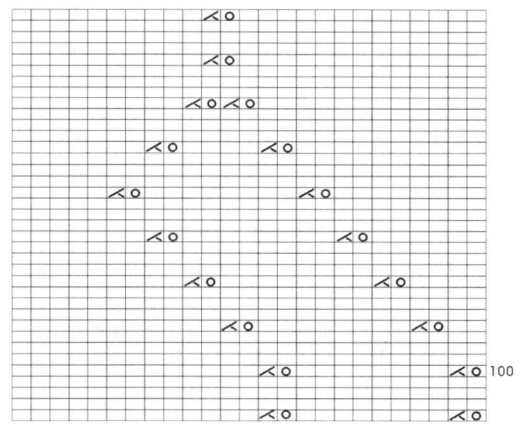

符号说明：
　□　上针
　□　下针

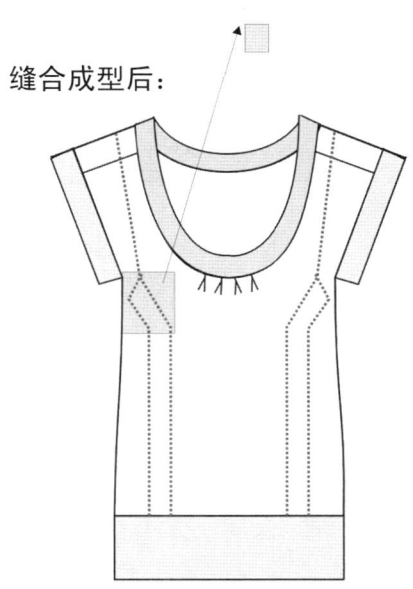

缝合成型后：

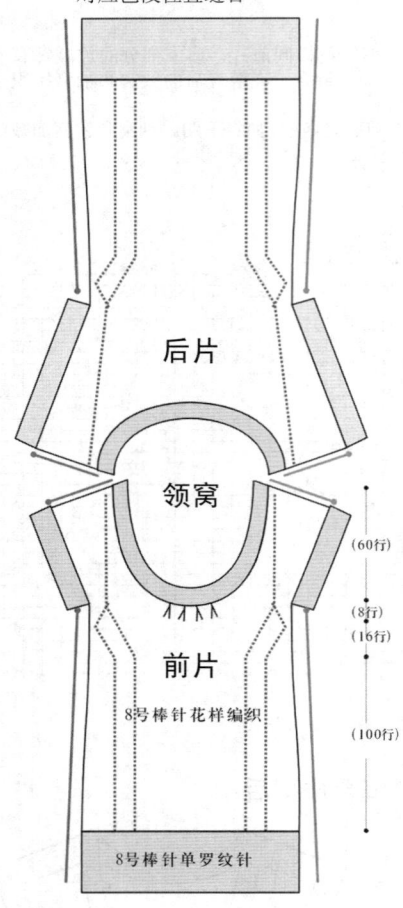
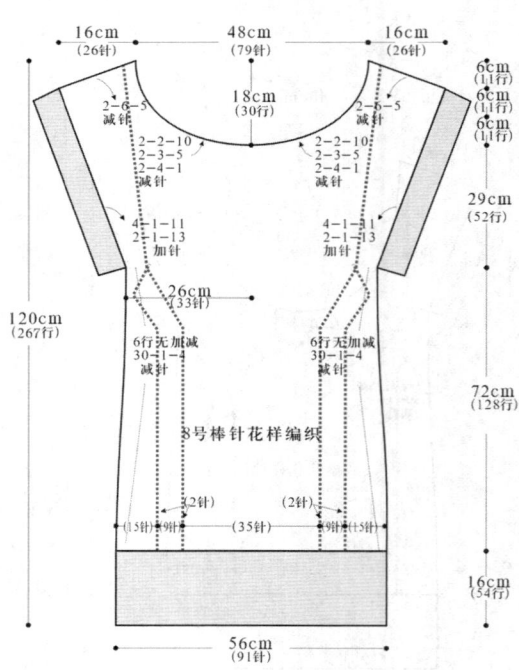

长款修身魅力上装

【成品规格】胸围88cm，衣长100cm，腰围84cm
【工　　具】8号棒针4根，2mm钩针
【材　　料】褐色中粗绒线1850g
【编织密度】花样针部分——32针×32行=10cm²
　　　　　　罗纹针部分——33针×36行=10cm²

符号说明：
☐ 上针
☐ 下针

制作说明：
1. 后片：用8号棒针起165针编织双罗纹针边54行，编织花样同前片，肩上部分的加减针有不同，具体见图中标注。如下图，编织好后将前后片如图缝合。在缝好后的领窝和袖窝挑织双罗纹边，高度为7cm。
2. 前片：用8号棒针起165针编织双罗纹针边54行，然后编织花样（如下页图）。袖窝和领窝加减针如图所示。花样针的变化针数和行数见图中标注。

领片如下图缝合：
对应色段位置缝合

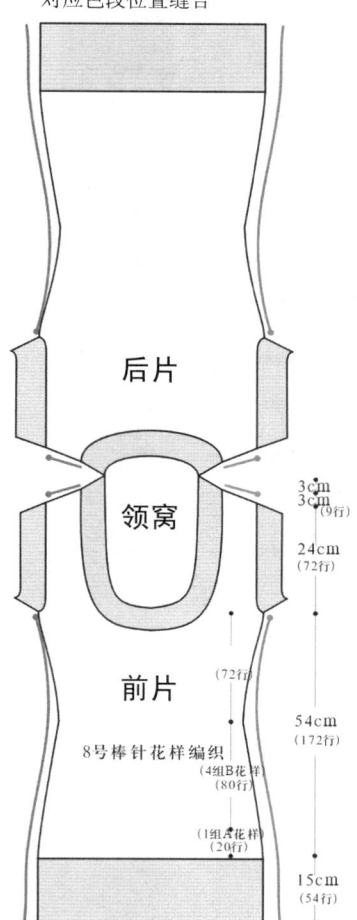

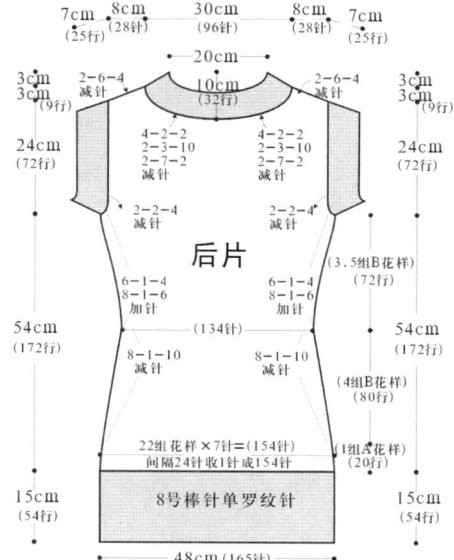

花样编织

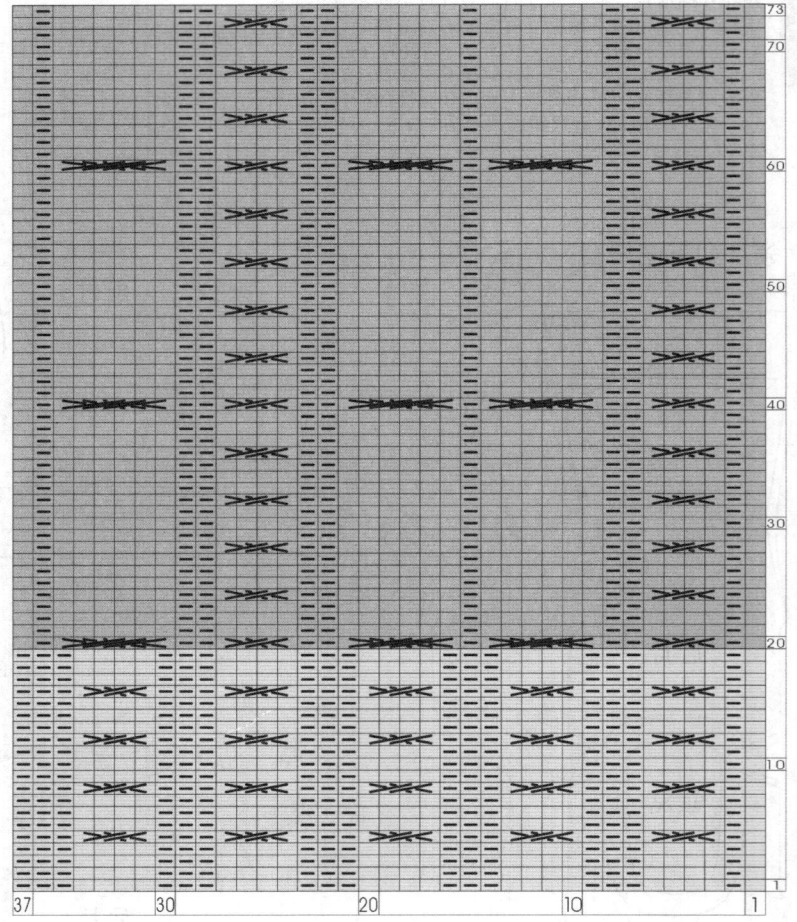

成熟款V领长装

【成品规格】胸围88cm，衣长98cm，腰围84cm
【工　　具】8号棒针4根，2mm钩针
【材　　料】灰褐色中粗绒线1850g
【编织密度】花样针部分——15针×19行=10cm²
　　　　　　罗纹针部分——15针×20行=10cm²

制作说明：
1. 后片：用8号棒针起70针编织单罗纹针边60行，编织花样同前片，肩上部分的加减针有不同，具体见图中标注。
2. 前片：用8号棒针起70针编织单罗纹针边60行，然后编织下针如下图。袖窝和领窝加减针如图所示。
3. 袖片：用8号棒针起67针编织单罗纹针边10行，编织花样为下针，袖两侧的加减针有不同，具体见图中标注。
4. 缝合：如右图，将编织好的前、后片和袖片如右图缝合。在缝好后的领窝挑织单罗纹边，高度为4cm。

领片如下图缝合：
对应色段位置缝合

符号说明：
□ 上针
□ 下针

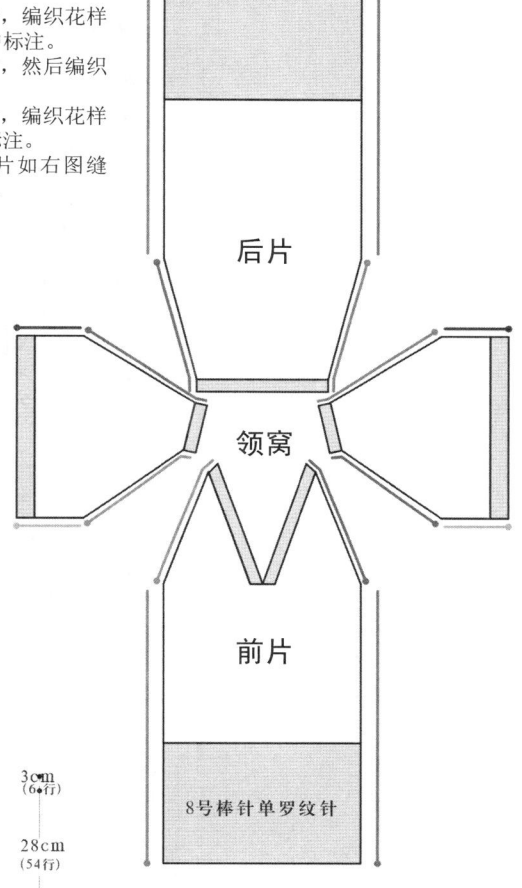

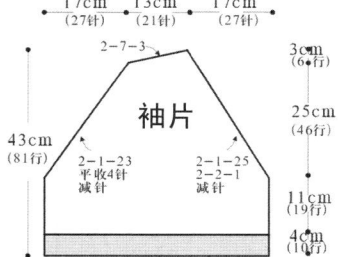

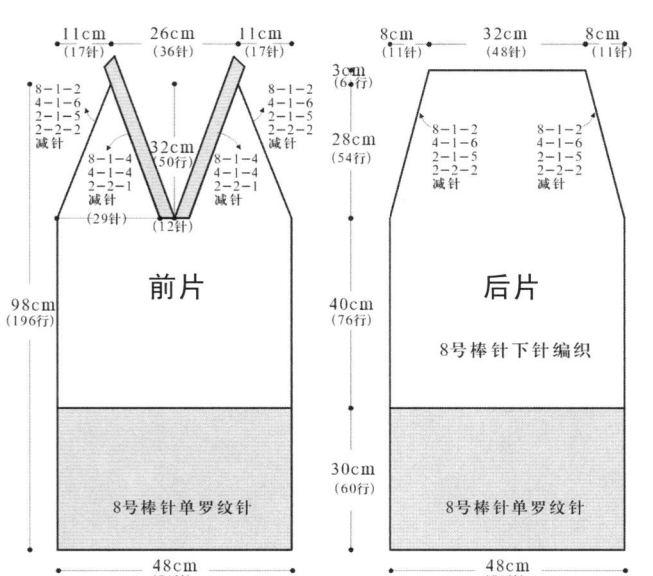

袖窝减针

8-1-2
4-1-6
2-1-5
2-2-2
减针

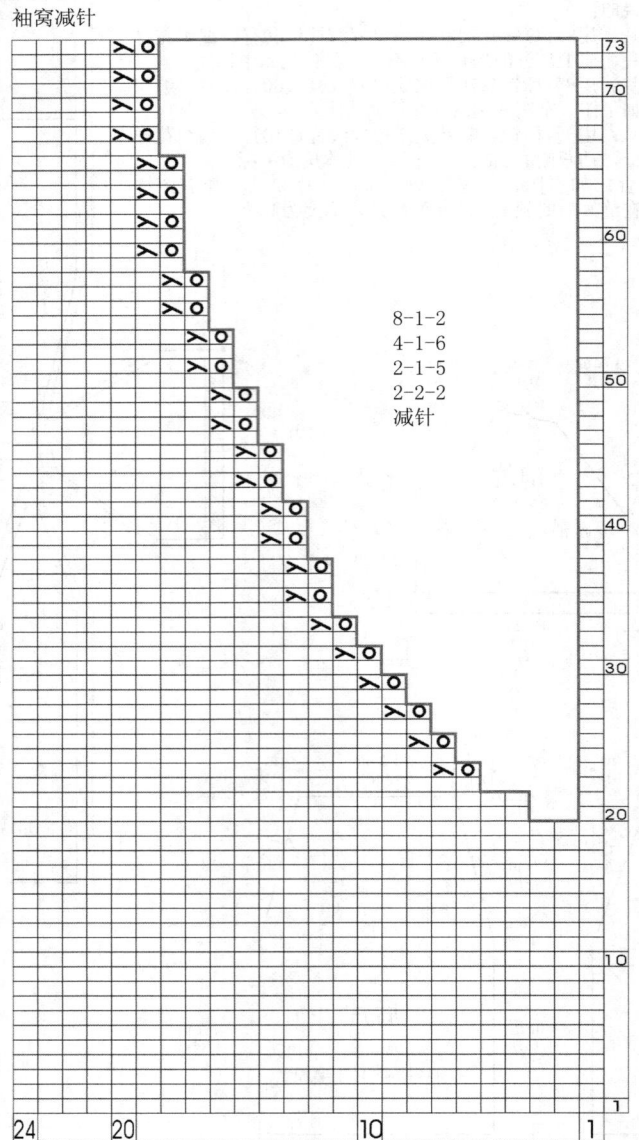

系带式连帽休闲装

【成品规格】胸围88cm,衣长60cm,腰围84cm
【工　　具】3号棒针4根,4号棒针4根,缝衣针、2mm钩针1副(缝合用)
【材　　料】烟灰色粗绒线550g
【编织密度】花样针部分——25针×32行=10cm²

制作说明:
1. 后片:用3号棒针起220针,双层下针编织12行后,合并成110针,换4号棒针织下针。如下图所示,完成袖窝和领窝的加减针。3号棒针起12针单罗纹编织袖圈的长度,与袖口缝合。
2. 前片:用3号棒针起100针,双层下针编织12行后,合并成50针,换4号棒针织下针。如下图所示,编织左、右前片,在图示位置挑针编织单罗纹针门襟。袖窝和领窝加减针如图所示。留3个扣眼备用,每个间隔24针。
3. 帽片:如下图在前片领窝部位挑织领片,加针同减针部分,到后领平挑如下图所示针数。编织平针到需要高度。完成后,如下图所示将两片领片缝合在一起。
4. 帽檐口及领前口:将各片缝合好后,用3号棒针起针12针编织单罗纹长度为120cm(即帽檐加左右前襟的上部分长度)。

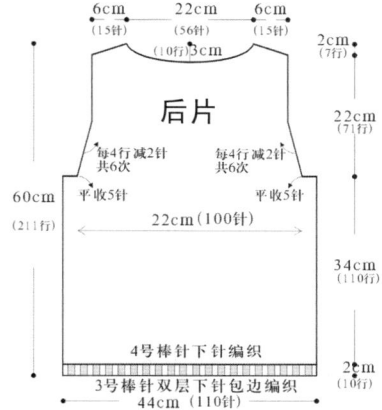

帽片(2片):如下图在前片领窝部位挑织领片,加针如下图所示。编织下针到需要高度。完成后,将两片领片缝合在一起。

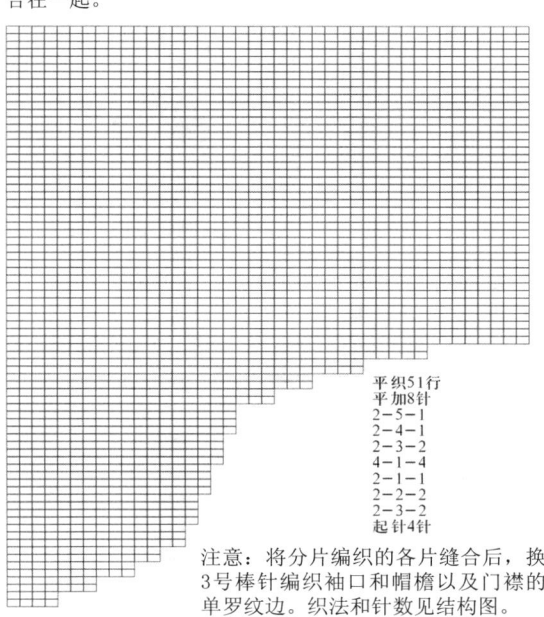

注意:将分片编织的各片缝合后,换3号棒针编织袖口和帽檐以及门襟的单罗纹边。织法和针数见结构图。

符号说明:
□ 上针
⊞ 下针

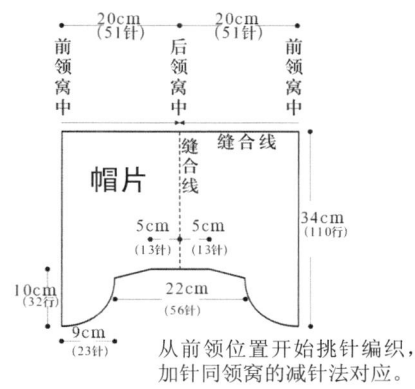

从前领位置开始挑针编织,加针同领窝的减针法对应。

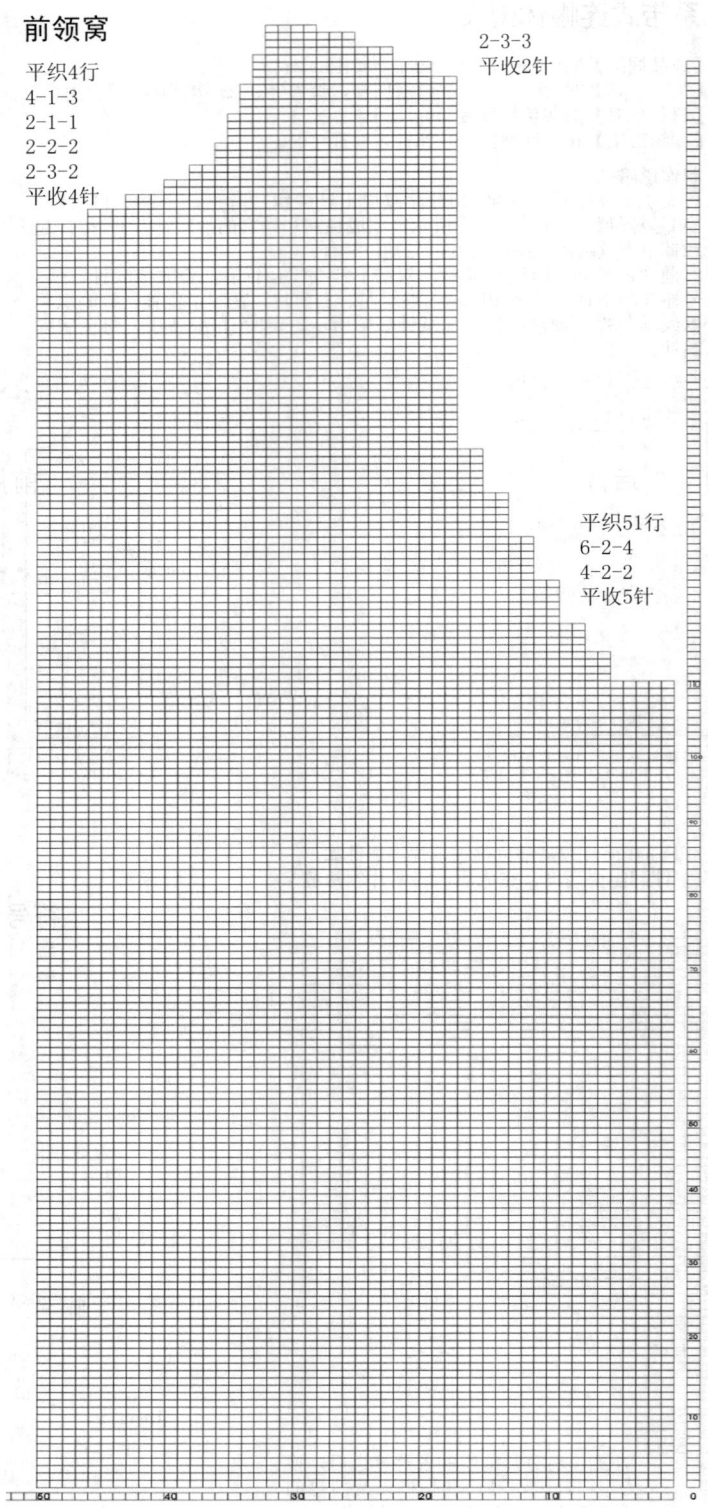

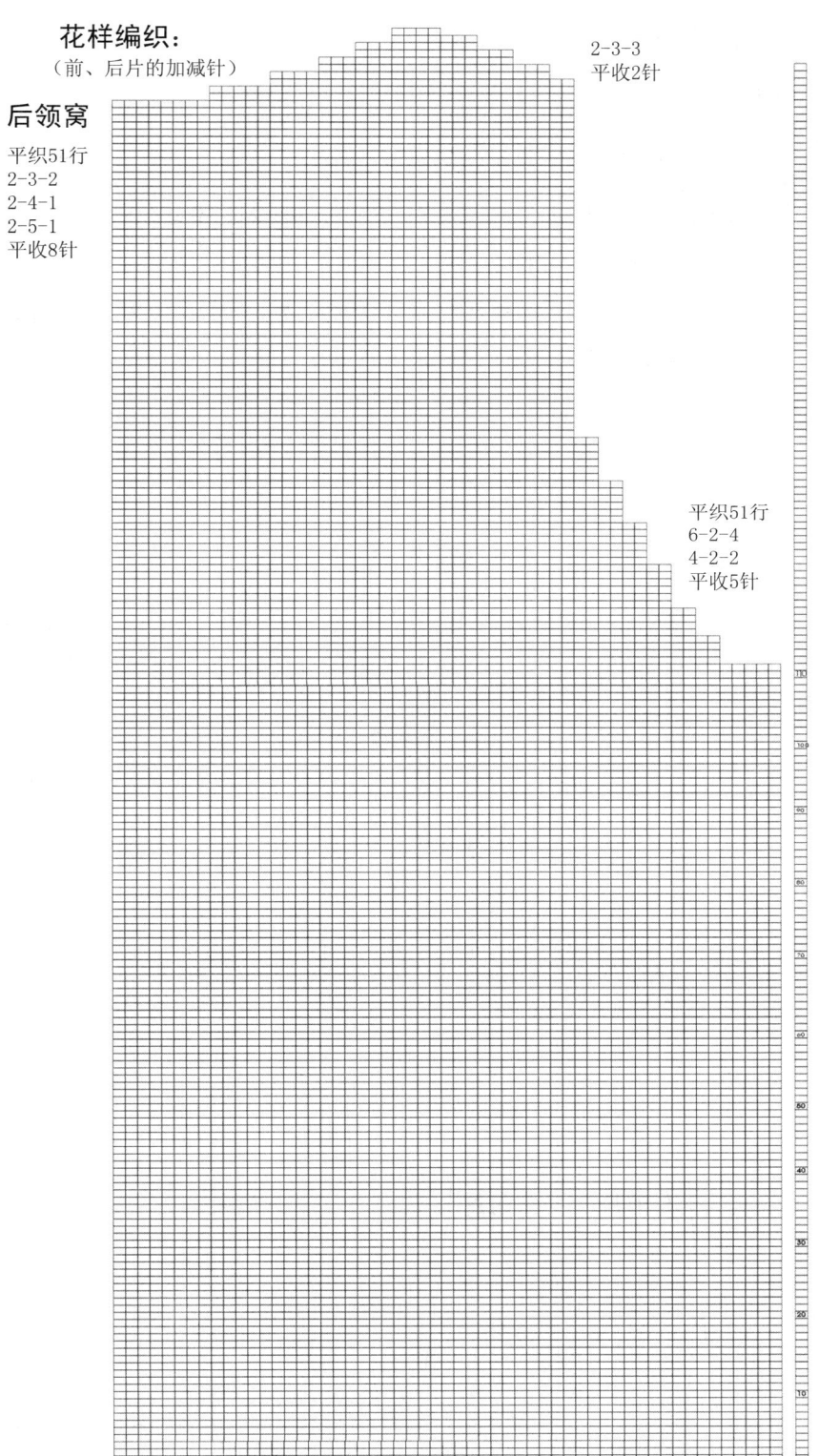

扭花纹长款披风

- 【成品规格】胸围88cm，衣长107cm，腰围84cm
- 【工　　具】8号棒针4根，3号棒针，扣子1颗，2mm钩针
- 【材　　料】浅褐色粗绒线1850g
- 【编织密度】16针×28行=10cm²

制作说明：

1. 后片：用8号棒针起90针编织正反下针边10行，继续编织下针直到完成后片。如下图所示，完成各部分的加减针。如下图，编织领片并将前、后片如图缝合。如图所示位置预留扣眼并在对侧对应位置钉好扣子。
2. 前片：用8号棒针起45针编织正反下针边10行，如右图所示花样编织。袖窝和领窝加减针如图所示。左右片对应编织，完成两片后备用。
3. 袖片：如上图平针起针36针，编织正反下针10行，花样编织和加减针如图所示。

领片如下图缝合：
对应色段位置缝合

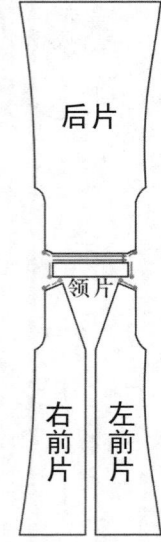

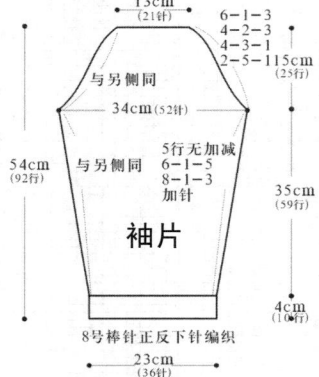

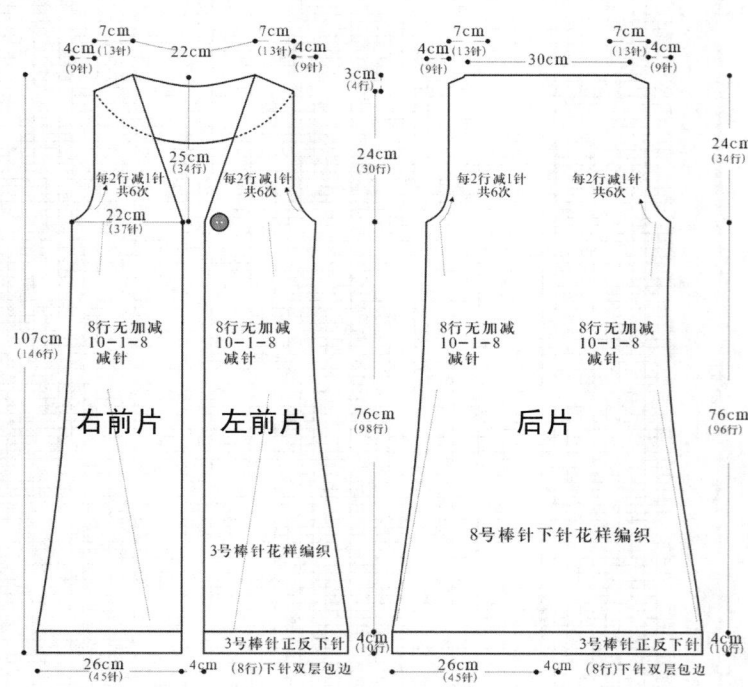

前片花样编织：
左前片花样

右前片花样
对应相反

领窝　　　　　　　　　　　肩窝

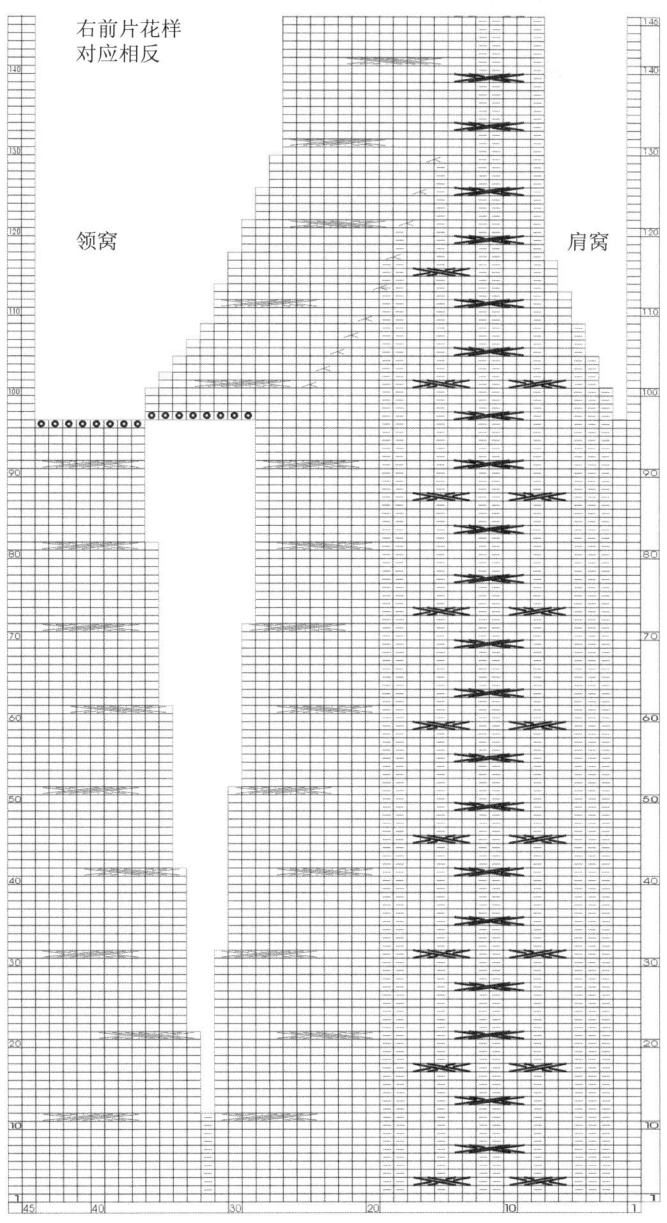

袖片花样编织：

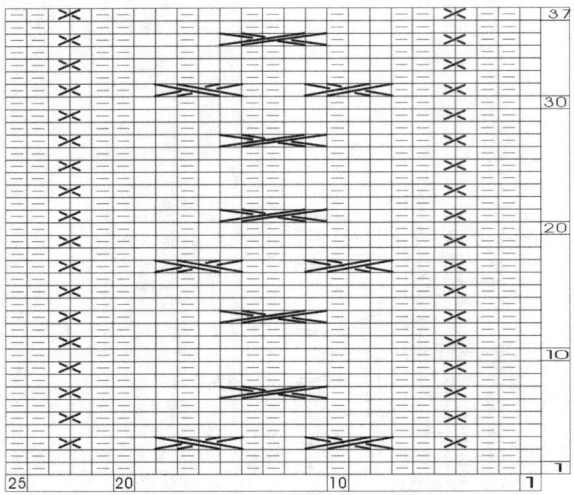

领中花样编织：

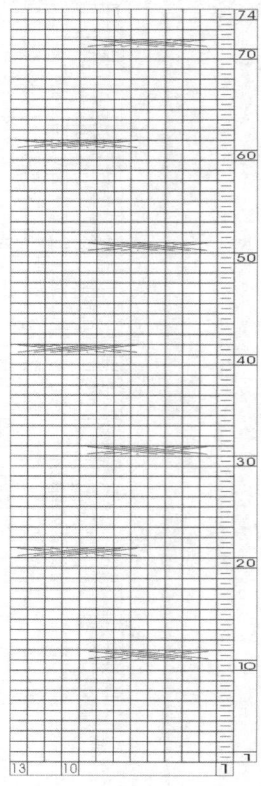

休闲连帽高腰背心

【成品规格】胸围94cm,衣长48.5cm,肩背宽33cm
【工 具】3mm钩针
【材 料】细线250g,纽扣3颗

制作说明:
1. 后片起50针锁针,第2行钩48针长针(花样编织C),第9行开始两侧收挂肩,两侧各收7针,第15行在中部收14针领窝,16行完成。
2. 前片起28针锁针,第2行钩24针长针,然后按花样编织B钩织,第9行开始收挂肩,单侧收7针,第13行收领窝,见前片编织结构图,收9针,16行完成。
3. 帽片按结构图样从尖角处起头,按花样编织D钩织,然后对折缝合帽子的后缝。
4. 缝合肩缝、侧缝和帽子。
5. 将前后衣片下部一起挑96针,按花样编织A钩织10行,为背心的整体底边。
6. 将前门襟和帽檐一起钩织2行短针,右门襟留出扣眼。另将挂肩处钩织2行短针。
7. 按花样钩织3个纽扣套,将纽扣分别放入后,抽紧,钉纽扣。

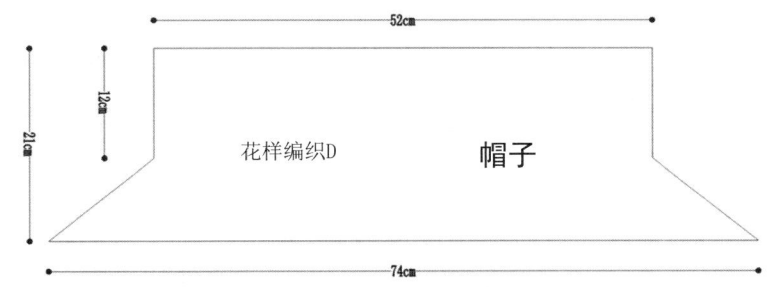

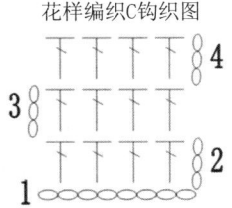

花样编织C钩织图

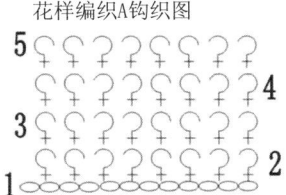

花样编织A钩织图

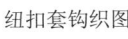

纽扣套钩织图

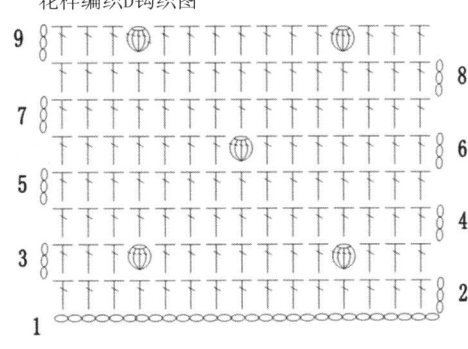

花样编织D钩织图

符号说明:
⌒ 锁针
× 短针
┬ 长针
♀ 长环针
ち 短针正浮针
ミ 短针反浮针
⊕ 用5针长针钩胖针

107

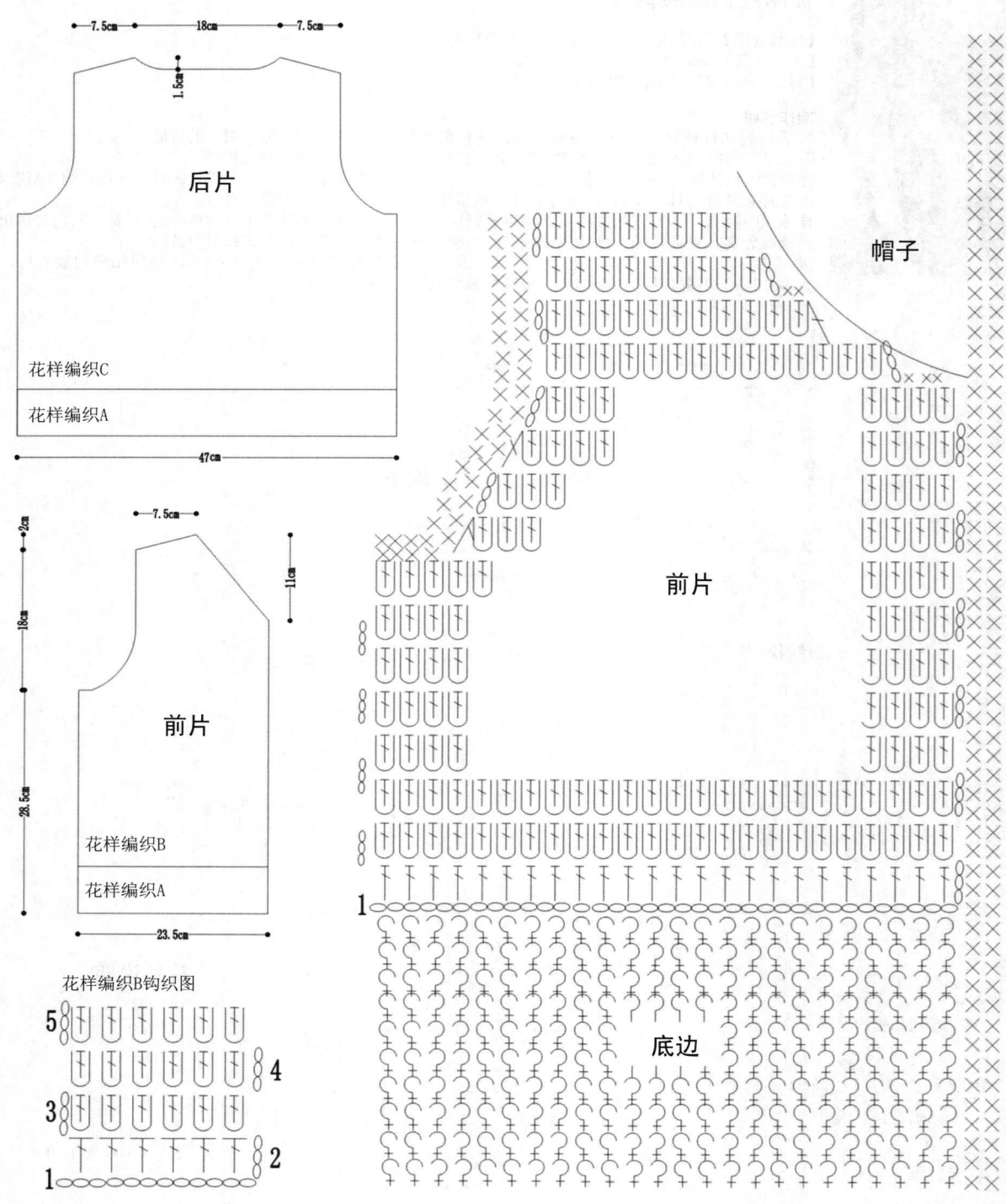

休闲个性小外套

【成品规格】胸围91cm，衣长52cm
【工　　具】4号棒针4根，缝衣针
【材　　料】中粗毛线350g
【编织密度】14针×19行=10cm²

制作说明：
1. 衣片A用5根针编织，从中心起针，按衣片A编织图编织，在4个对称的斜角加针，织好后收针。
2. 衣片B用2根针编织，起头10针，然后正反面均织下针，按图样开袖窿，完成后将首尾缝合成圆环。
3. 衣片C用2根针编织，起头17针，按衣片C编织图编织，共16个花长度，即256行，然后将首尾缝合成圆环。
4. 单元片完成后，按结构图缝合。

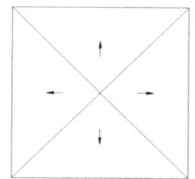

衣片A针法识别方向

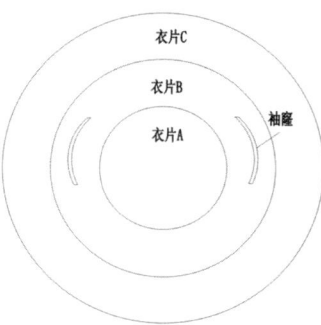

衣片结构图

符号说明：
□ 下针　　□ 空
□ 上针　　□ 加针
□ 下针收针
□ 1针加5针
⑤ 1针加5针（衣片A中）

衣片A编织图

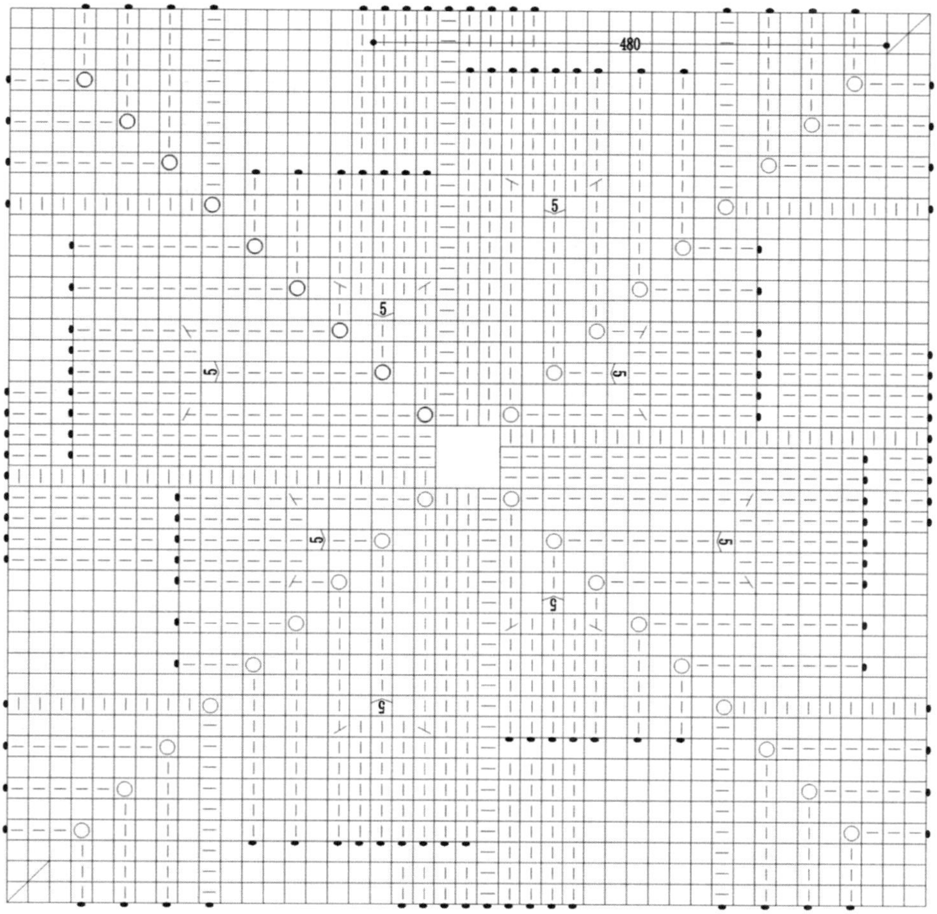

衣片C花样编织

衣片B编织图

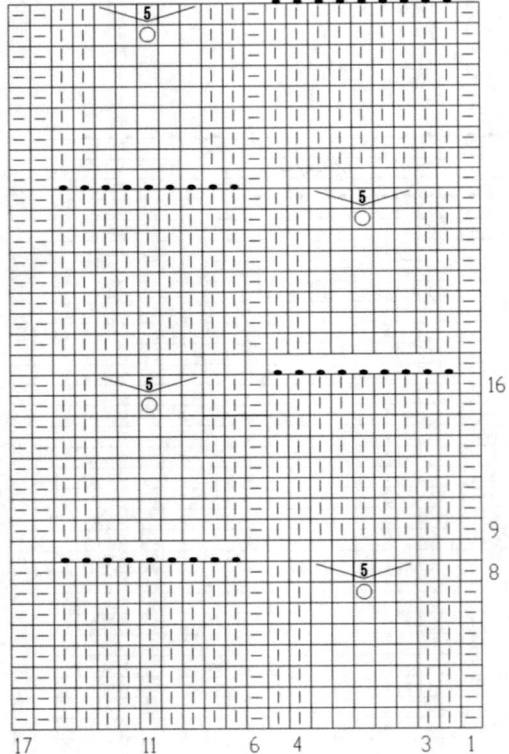
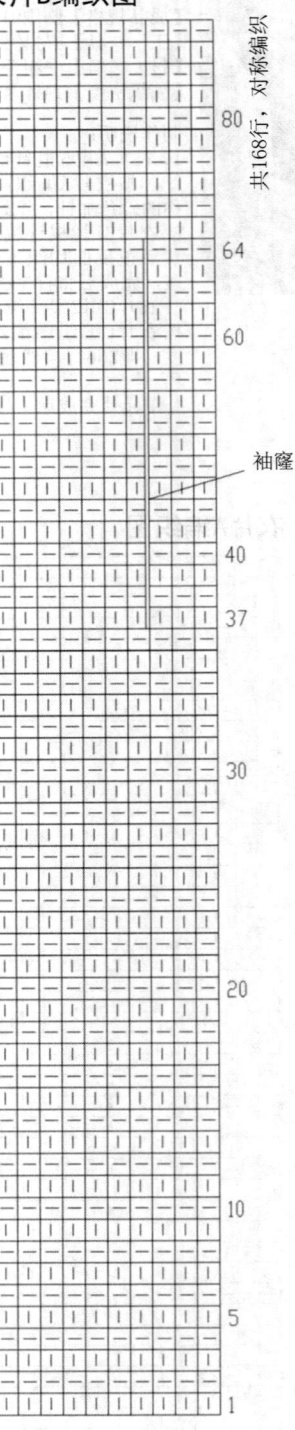

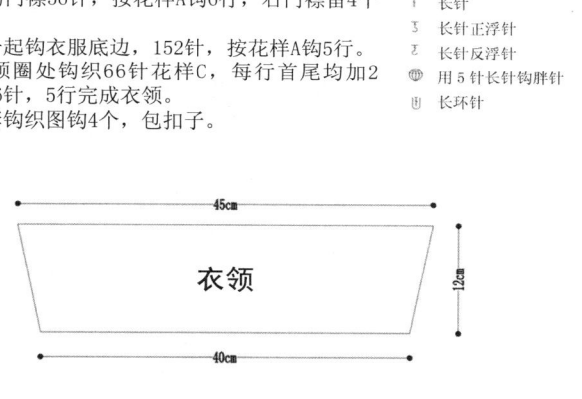

独特多层领编织衣

【成品规格】胸围96cm，肩背宽38cm，衣长53.5cm，袖长60cm
【工　　具】3mm钩针
【材　　料】双股细马海毛线300g，纽扣4颗
【编织密度】15针×19行=10cm²

制作说明：
1. 后片用钩针起76针锁针，按花样B钩织，第16行开始收挂肩，两侧各减12针，26行完成。
2. 前片用钩针起28针锁针，按花样B钩织，第16行开始收挂肩，袖窿减12针，第22行开始收领窝，领窝共收6针，26行至肩缝处完成。
3. 袖片从袖口处起32针锁针，钩花样B，两侧各加8针，至28行时为48针，第29行开始收袖山，两侧各减12针，38行处为24针完成。
4. 缝合肩缝、侧缝，装袖子。
5. 在前片钩门襟56针，按花样A钩6行，右门襟留4个扣眼。
6. 前后片一起钩衣服底边，152针，按花样A钩5行。
7. 直接在领圈处钩织66针花样C，每行首尾均加2针，共加16针，5行完成衣领。
8. 按包扣套钩织图钩4个，包扣子。

符号说明：
⌒ 锁针
× 短针
┬ 长针
┰ 长针正浮针
Ƶ 长针反浮针
⊕ 用5针长针钩胖针
⊍ 长环针

袖片

衣领

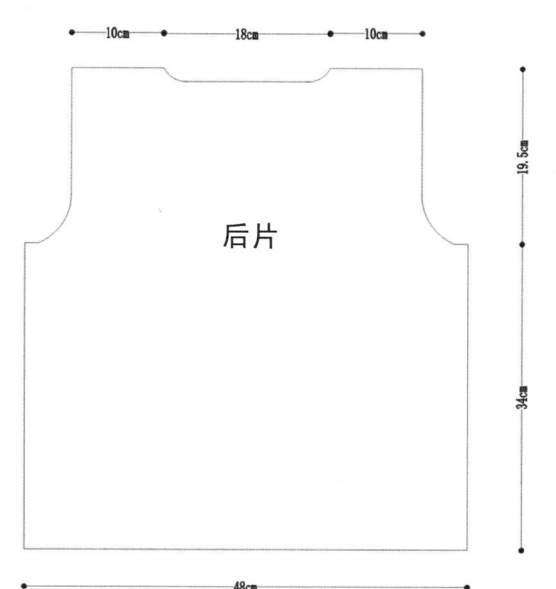

后片

前片

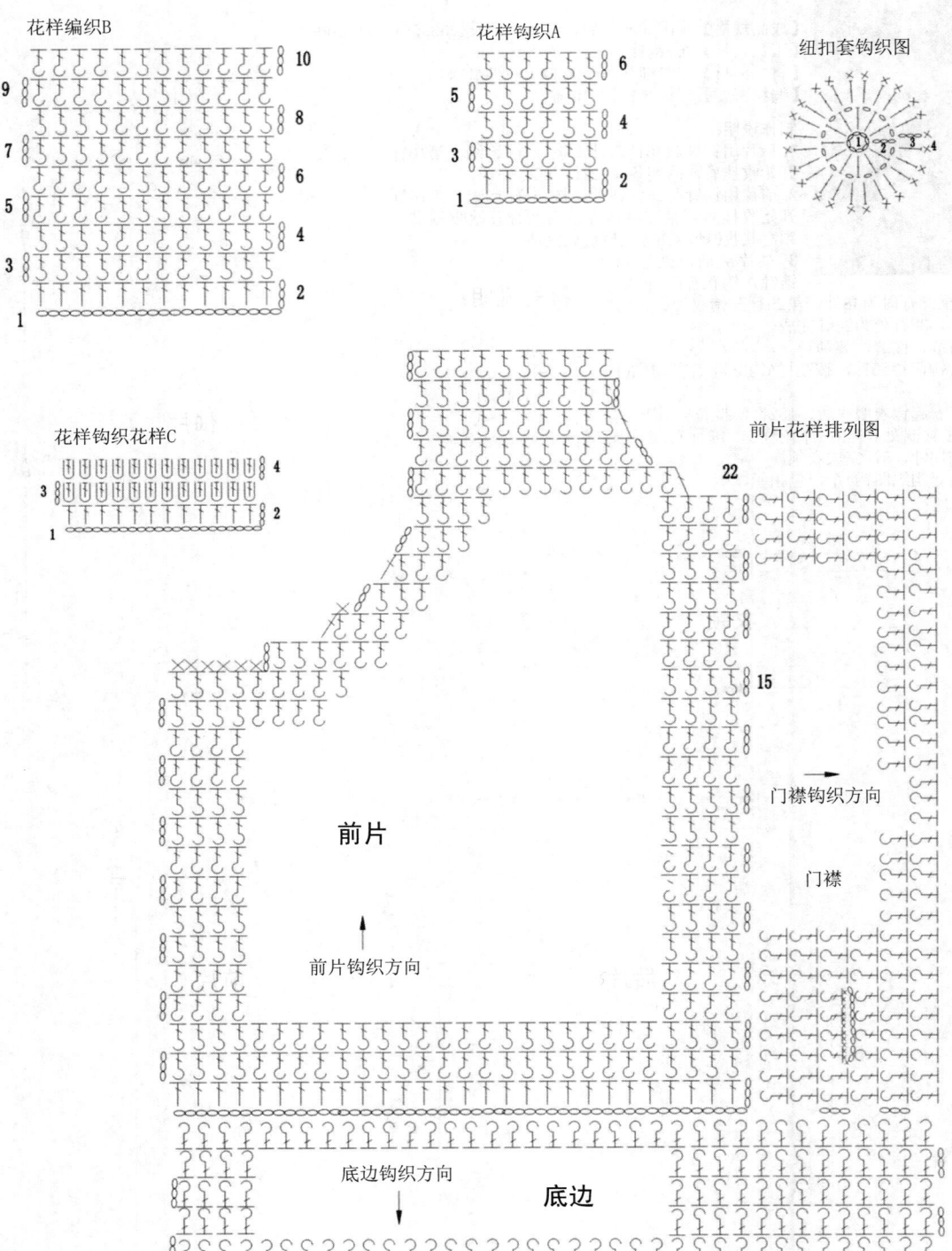

韩版甜美公主装

【成品规格】衣长44cm，胸围84cm，袖长40cm
【工　　具】10号棒针
【材　　料】咖啡色绵羊绒线500g
【编织密度】26针×30行=10cm²

制作说明：
1. 整件衣服织反针。
2. 后片不留领窝，前片衣边同衣片同织，最后与后片缝合。
3. 袖分两部分织，皱褶缝合形成喇叭袖。
4. 另织小片，缝合在前片胸线下。

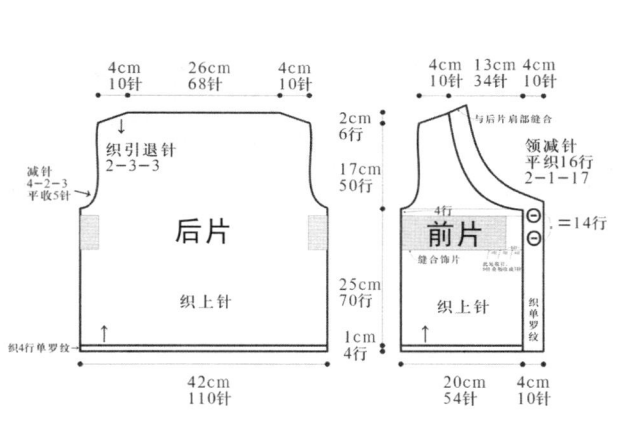

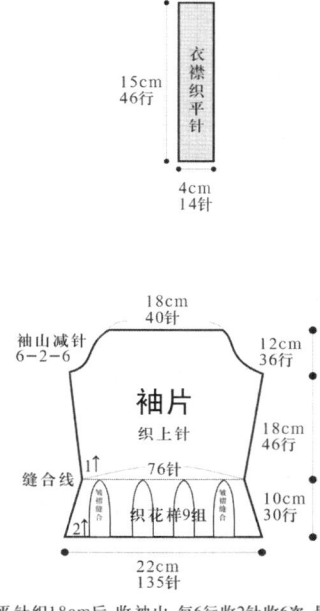

袖：1. 起76针织平针织18cm后，收袖山，每6行收2针收6次，最后40针平收。
2. 起135针织花样9组，织10cm，与袖缝合，每错一个花样皱褶缝合。

袖片花样

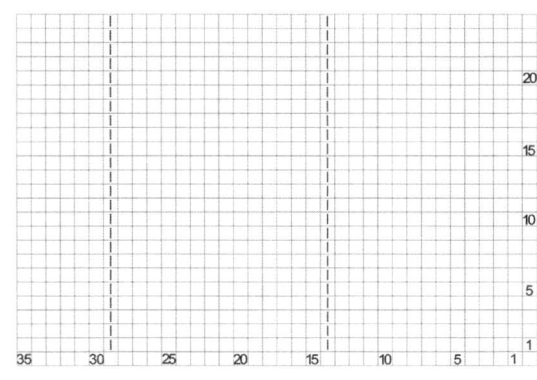

前片

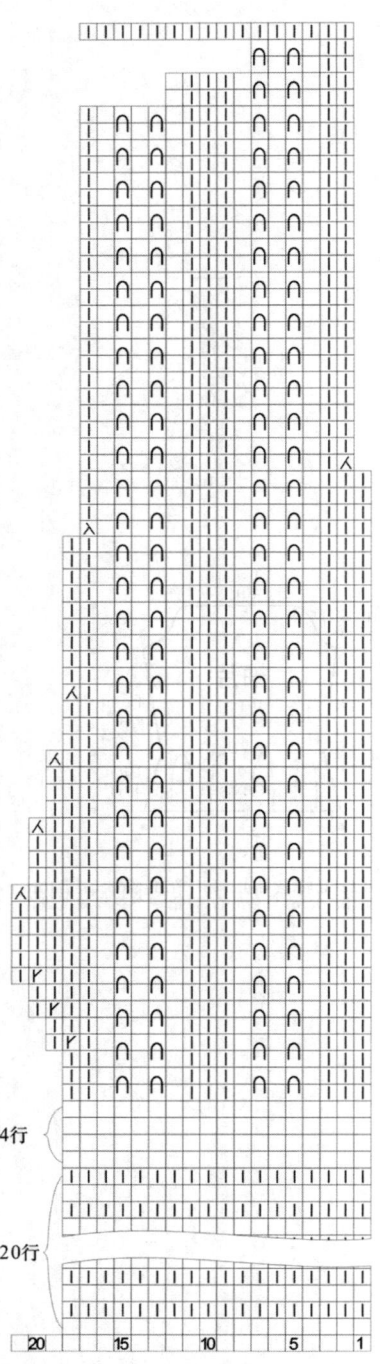

可爱款对襟针织衫

【成品规格】胸围92cm，肩背宽35cm，衣长60cm，袖长58cm

【工　　具】10号棒针

【材　　料】中粗线500g，纽扣5颗

【编织密度】花样编织——24针×28行=10cm²
　　　　　　平针编织——24针×30行=10cm²

制作说明：

1. 后片分上、下两部分编织，后片上部起111针，按花样编织图编织，按后片图收袖窿，留领窝。后片下部另起165针，编织82行下针，收针。将后片下部分均匀抽细褶与上部等宽后先用别针固定，然后用缝衣针缝合，上部的底边放在外面。

2. 前片分上、下两部分编织，前片上部起55针，按花样编织图编织，按前片图收袖窿，留领窝。前片下部另起82针，编织82行下针，收针。将前片下部分均匀抽细褶与上部等宽后先用别针固定，然后用缝衣针缝合，上部的底边放在外面。

3. 袖片分上、下两部分编织，袖片上部起60针，按花样编织，按袖片图收袖山。袖片下部起82针，编织48行下针，收针。将袖片下部分均匀抽细褶与上部等宽后先用别针固定，然后用缝衣针缝合，上部的底边放在外面。

4. 缝合肩缝、侧缝，装袖子。另在领圈处挑针，编织14行下针，双折后在内领圈缝合成双层领边。

5. 另起12针编织单罗纹，长度与前片门襟一致，右门襟留扣眼，织好后与前片缝合。

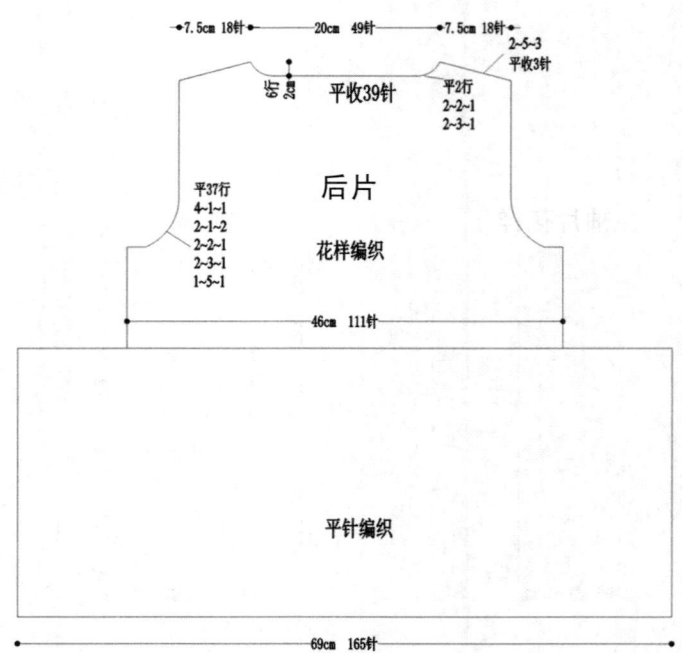

符号说明：

□ 下针   — 上针   ⊔ 上针两行滑针

花样编织

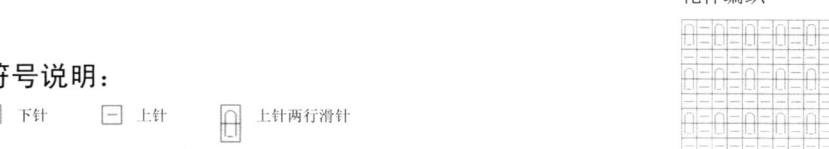

前片

- 2cm 6行
- 18cm 50行
- 11cm 30行
- 29cm 82行
- 7.5cm 18针 ← 10cm 24针
- 15cm 42行
- 平17行
- 4-1-1
- 2-1-5
- 2-2-4
- 2-3-1
- 1-7-1
- 23cm 55针
- 花样编织
- 平针编织
- 34.5cm 82针

领圈

- 挑50针
- 2cm 双层，14行平针
- 挑46针   挑46针

袖片

- 34cm 80针
- 平收15针
- 平1行
- 2-3-1
- 2-2-4
- 2-1-4
- 2-2-3
- 2-3-2
- 1-6-1
- 6-1-4
- 10-1-5
- 14-1-1
- 10.5cm 30行
- 31.5cm 88行
- 花样编织
- 25cm 60针
- 平针编织
- 16cm 48行
- 34cm 82针

115

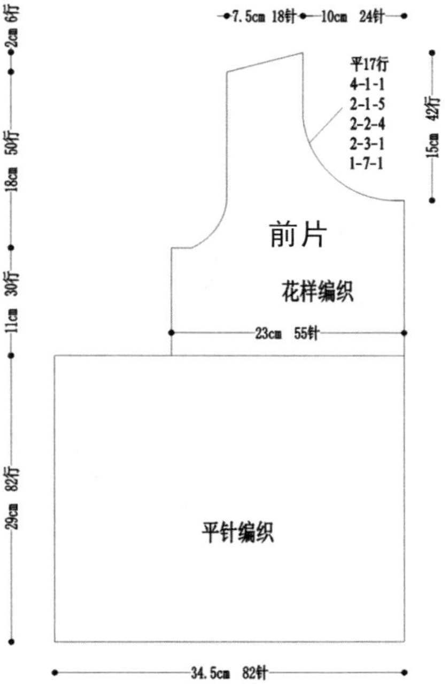

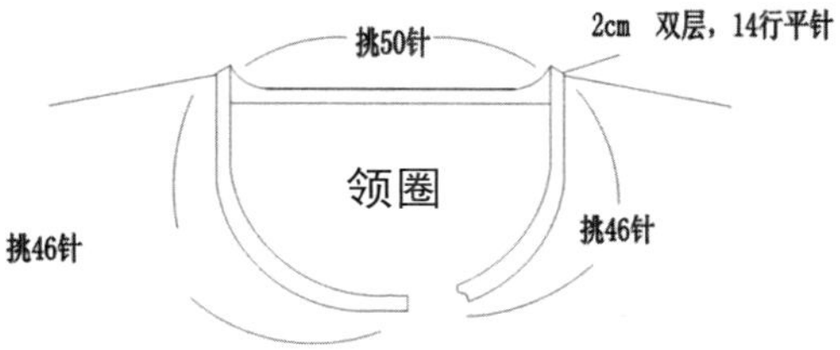

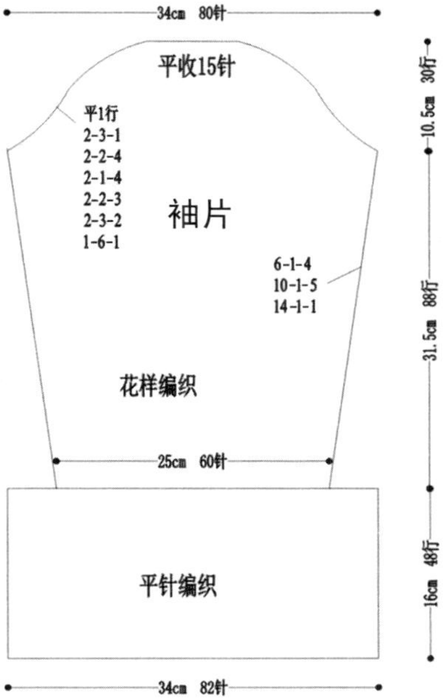

创意时尚高领披肩

【成品规格】衣长38cm
【工　　具】6号棒针
【材　　料】粗毛线350g
【编织密度】14针×27行=10cm²

制作说明:
1. 起208针片织元宝针40行。
2. 圈织，前后中心留8针为界，每两行两侧各收1针共4针，每侧各收26针共织52行。
3. 织领，不加不收织元宝针15cm为领。完成。

符号说明：

□ = □ 上针
人 左上2针并为1针
∩ 滑针

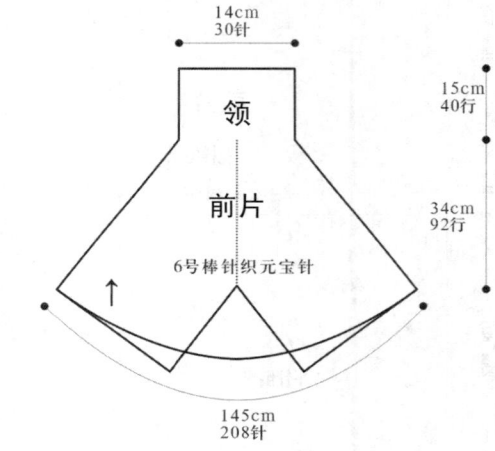

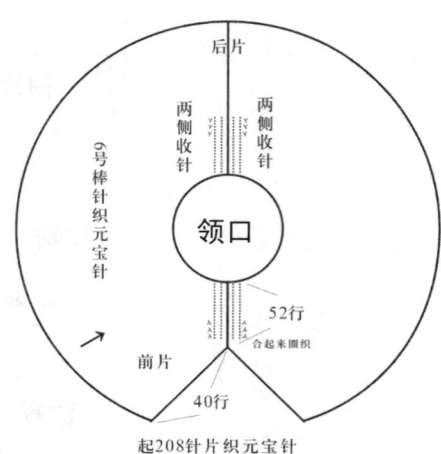

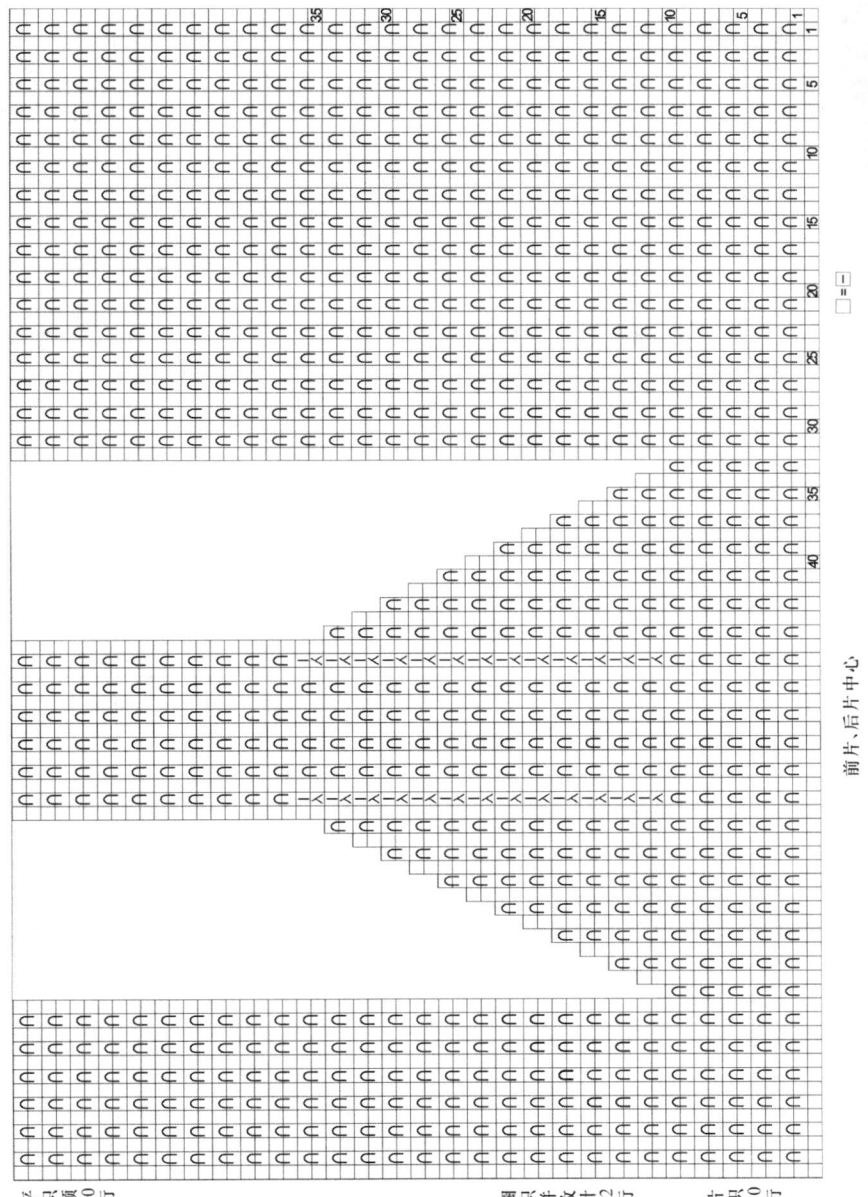

117

气质双排扣长衣

【成品规格】衣长100cm，胸围96cm，袖长63cm，肩宽39cm
【工　　具】9号棒针，5号棒针
【材　　料】深灰色羊毛线1000g，大扣子10颗
【编织密度】16.5针×20.5行=10cm²

制作说明：
1. 大衣全部使用9号棒针编织，后片为一片编织，从衣摆起织，往上织至肩部。
2. 后片起102针编织双罗纹针，编织5cm(10行)，在衣摆中间编织28针花样A，两边全上针编织，同时两侧减针，方法是8-1-11，织至47cm，不加减针往上织，再织24cm高后，开始袖隆减针，方法顺序如后片图示，两边各减少10针。减针时，不加减针往上共编织24cm的高度后，从织片的中间留38针不织，收针。两侧余下的针数，衣领侧减针，方法为2-2-1，2-1-1，最后两侧的针数余下17针，收针断线。
3. 前片分为两片编织，左片和右片各一片，花样对应方向相反。
4. 起37针后，与后片同样方法编织，总长度织至94cm高度时，开始前衣领减针，减针方法为2-1-3，最后余下17针，织至总长为100cm。
5. 同样的方法再编织另一前片，完成后，将两前片的侧缝与后片的侧缝对应缝合，再将两肩部对应缝合。
6. 挑织衣领，挑出来的针数要比衣服本身稍多些，编织双罗纹针，编织13cm后收针断线。
7. 衣襟用5号棒针横向挑织，挑出来的针数要比衣服本身稍多些，衣领侧边也要一起挑，编织双罗纹针，编织14cm收针断线。注意，在每隔11cm的位置留两个扣眼。尺寸见前片结构图。扣眼编织方法为，在当行收数针，在下一行重起这些针数，这些针两侧正常编织。
8. 钉好扣子。
9. 两片衣袖片，分别单独编织。
10. 从袖口起织，起32针后，先织2针下针，再编织一个花样A(28针)，再编织2针下针，不加减针编织59行，与起针缝合。从侧边挑织衣袖，挑48针，在正中间位置花样编织B(6针)，两边全上针编织，一边一边加针，加针方法为4-1-9；编织35cm后，开始袖山减针，两侧同时减针，方法见袖片结构图，最后余下20针，收针断线。
11. 同样的方法再编织另一衣袖片。
12. 将两袖片的袖山与衣身的袖隆线边对应缝合，再缝合袖片的侧缝。

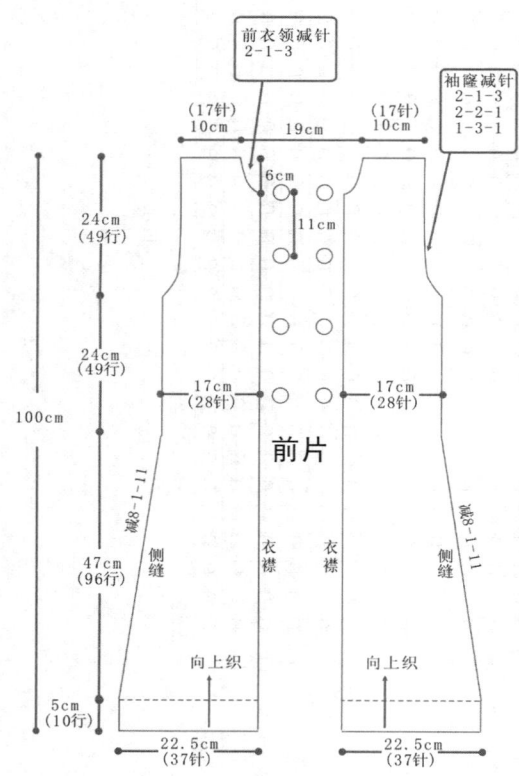

前片

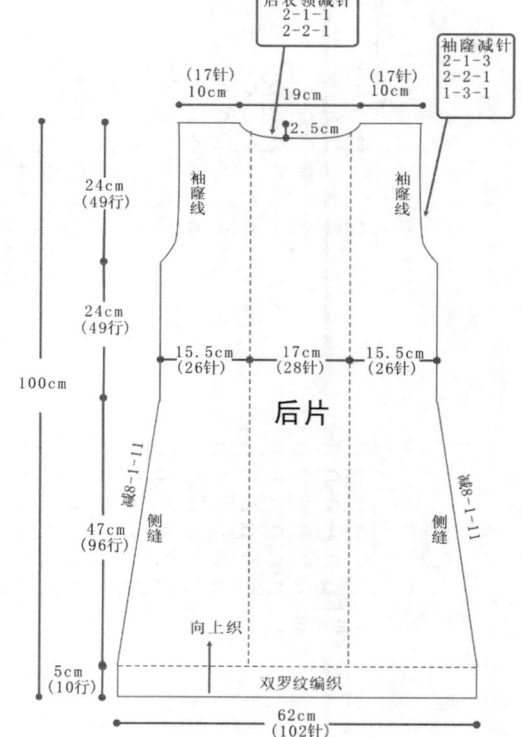

后片

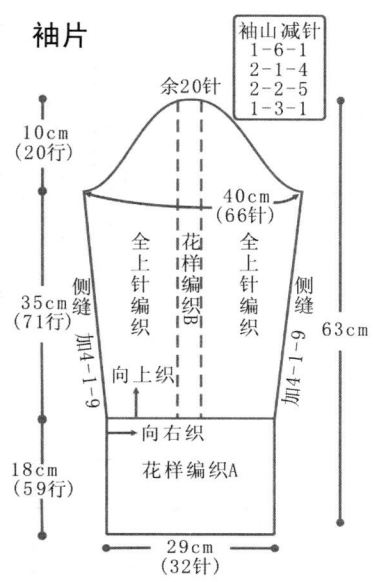

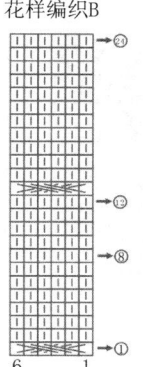

花样编织B

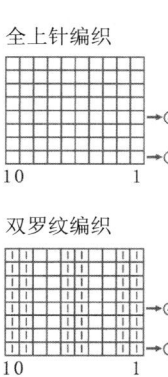

全上针编织

双罗纹编织

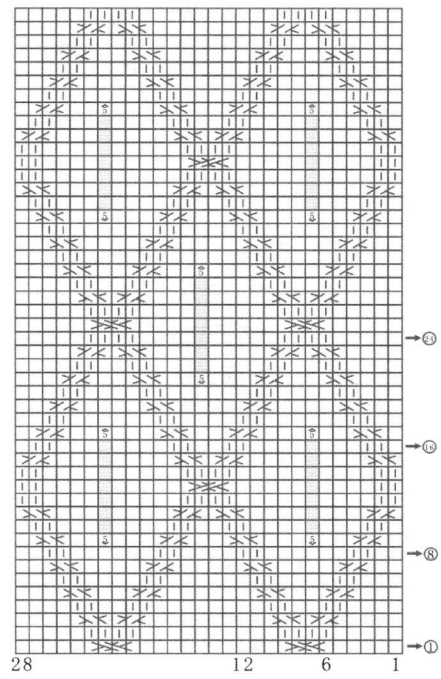

花样编织A

符号说明：

- □ = □ 上针
- １ 下针
- 2针下针右上交叉
- 2针下针左上交叉
- 3针下针右上交叉
- 左上2针与右下1针交叉
- 右上2针与左下1针交叉
- 2-1-3 行-针-次
- 1针挑出5针，织7行后，5针收1针

镂空式温婉薄毛衣

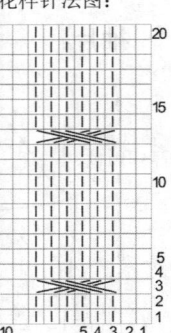

【成品规格】详见结构图
【工　　具】9号棒针
【材　　料】3股夹金丝羔羊绒200g
【编织密度】29针×40行=10cm²

制作说明：
1. 衣服由前、后两片组成。先织前片：按前片结构图起70针，往上织7cm单针罗纹后改织平针到17cm，然后按花样针法图编入花样到16cm后，再换织平针，按前片结构图尺寸织好对称的另一端。
2. 后片按后片结构图起112针，往上织7cm单罗纹针后，换织平针往上织，同时注意在两侧要每4行减1针，共减针28次。
3. 将各片结构图上的相同记号合并好，然后在后背空缺部分的周围挑针织2cm单罗纹针。门襟起21针织单罗纹针到159cm，并和前片合并好。

花样针法图：

符号说明：
| 下针
↑ 编织方向
― 上针
3针下针右上交叉

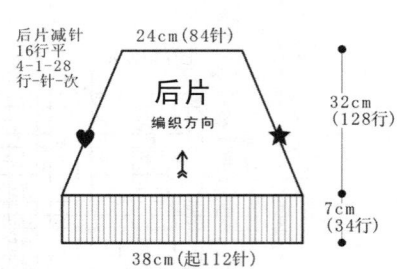

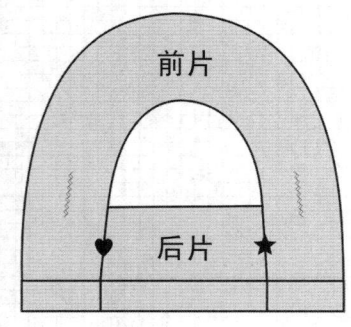

单元片拼接方位示意图：

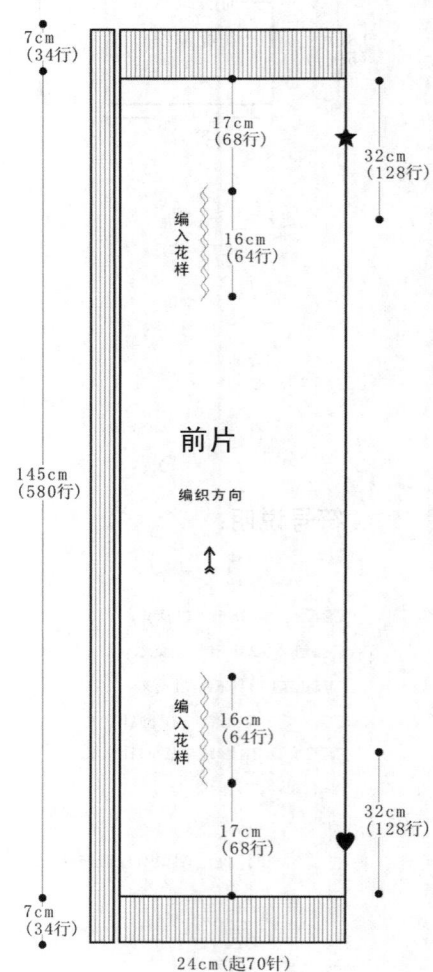